国家社科基金
GUOJIA SHEKE JIJIN HOUQI ZIZHU XIANGMU
后期资助项目

河长制视域下
环境分权的减排效应研究

Research on Emission Reduction Effect of Environmental
Decentralization from the Perspective of the River Chief System

李 强 著

中国财经出版传媒集团

经济科学出版社
Economic Science Press

图书在版编目（CIP）数据

河长制视域下环境分权的减排效应研究/李强著
. -- 北京：经济科学出版社，2022.8
ISBN 978 - 7 - 5218 - 3724 - 7

Ⅰ. ①河… Ⅱ. ①李… Ⅲ. ①地方政府 - 环境综合整
治 - 研究 - 中国②地方政府 - 节能减排 - 研究 - 中国
Ⅳ. ①X321. 2②F424. 1

中国版本图书馆 CIP 数据核字（2022）第 099450 号

责任编辑：黄双蓉
责任校对：王肖楠
责任印制：邱　天

河长制视域下环境分权的减排效应研究
李　强　著
经济科学出版社出版、发行　新华书店经销
社址：北京市海淀区阜成路甲 28 号　邮编：100142
总编部电话：010 - 88191217　发行部电话：010 - 88191522
网址：www. esp. com. cn
电子邮箱：esp@ esp. com. cn
天猫网店：经济科学出版社旗舰店
网址：http：//jjkxcbs. tmall. com
固安华明印业有限公司印装
710×1000　16 开　14.25 印张　250000 字
2022 年 8 月第 1 版　2022 年 8 月第 1 次印刷
ISBN 978 - 7 - 5218 - 3724 - 7　定价：49.00 元
（图书出现印装问题，本社负责调换。电话：010 - 88191510）
（版权所有　侵权必究　打击盗版　举报热线：010 - 88191661
QQ：2242791300　营销中心电话：010 - 88191537
电子邮箱：dbts@ esp. com. cn）

国家社科基金后期资助项目
出版说明

后期资助项目是国家社科基金设立的一类重要项目，旨在鼓励广大社科研究者潜心治学，支持基础研究多出优秀成果。它是经过严格评审，从接近完成的科研成果中遴选立项的。为扩大后期资助项目的影响，更好地推动学术发展，促进成果转化，全国哲学社会科学工作办公室按照"统一设计、统一标识、统一版式、形成系列"的总体要求，组织出版国家社科基金后期资助项目成果。

全国哲学社会科学工作办公室

目　录

第一章　绪　　论

生态文明作为人类文明的一种重要形式，以保护生态环境和实现人类可持续发展为目标，将经济社会发展建立在生态系统的良性循环基础上，以有效缓解人类社会活动需求同自然环境系统供给之间的矛盾。中共十九届五中全会中进一步指出了生态文明建设和绿色发展的重要性。此背景下，在保持经济快速发展的同时降低环境污染程度成为当前我国经济社会发展需要关注的重要现实问题。有鉴于此，本章首先探讨本书研究的背景与意义，对国内外相关研究进行评述，阐释本书研究的主要内容、研究方法及可能的创新之处。

第一节　研究背景及意义

一、研究背景

改革开放以来，我国经济呈现快速发展的态势，经济发展所取得的巨大成就被世人誉为"中国奇迹"，也成为国内外学者研究的热点问题。与经济快速增长相伴而生的是日益严重的环境污染问题，不断恶化的生态环境逐渐成为影响我国经济发展的重要因素，也阻碍了我国经济发展（杨继生、徐娟，2013）。据《2019 年中国生态环境状况公报》显示，全国 337个地级以上城市中，只有 157 个城市环境空气质量达标，占全部城市总数的 35.8%，其余的 180 个城市的空气质量超标，占全部城市总数的53.4%，在此背景下，生态文明建设、绿色发展是未来一个阶段我国经济社会发展的重要目标任务之一。

中央政府高度重视环境治理问题，对生态文明建设做了顶层设计和总体部署，多次出台环境治理方面的指导意见。2013 年，党的十八大把生态文明建设纳入中国特色社会主义事业"五位一体"的总体布局，明确提出大力推进生态文明建设，努力建设美丽中国。2015 年，党的十八届五中全会提出绿色发展理念，生态文明建设首次被写进"十三五"规划的任务目标。2016 年，习近平总书记主持召开的中央全面深化改革领导小组第二十八次会议审议通过了《关于全面推行河长制的意见》，提出要加强对河长的绩效考核和责任追究，对造成生态环境损害的，严格按照有关规定追究责任。2017 年，中共十九大报告多次提到环境治理方面的词汇，其中提到"生态"43 处、"绿色"15 处、"生态文明"12 处、"美丽"8 处，提出的新目标"建成富强、民主、文明、和谐、美丽的社会主义现代化强国"中增加了"美丽"目标，体现了生态文明建设在我国未来经济社会发展进程中的重要性。党的十九届二中全会强调必须坚持创新、协调、绿色、开放、共享的新发展理念，令绿色发展理念更加深入人心。习近平总书记在 2018 年全国生态环境保护大会上进一步强调"绿水青山就是金山银山"的发展理念，并对全面加强环境保护、坚决打好污染防治攻坚战做出了战略部署，明确要求打好蓝天、碧水和净土"三大保卫战"。中共十九届四中全会提出要实行最严格的生态环境保护制度，全面建立资源高效利用制度，将生态文明于制度层面进行升华，使其重要意义更为凸显。2019 年，习近平总书记提出新时代推进生态文明建设必须坚持的"六项原则"，这是认识和把握习近平生态文明思想科学严密理论体系的基本原则。2019 年，习近平总书记发表题为《共谋绿色生活，共建美丽家园》的重要讲话，提出绿色发展"五个追求"，给出了生态文明建设的五条具体路径，强调了人类与环境之间的命运共同体关系。2020 年习近平主席在出席联合国成立 75 周年系列高级别会议期间，就共谋全球生态文明建设提出"人类需要一场自我革命，加快形成绿色发展方式和生活方式，建设生态文明和美丽地球"，为全球生态文明建设树立新标杆。2020 年，十九届五中全会公报指出，要持续推进生态环境、城乡人居环境不断改善。

综上，中央政府对环境污染问题高度重视，并出台了一系列有关治理环境污染的法律、法规。近年来，针对长江流域出现的环境问题，我国颁布了《长江经济带发展规划纲要》《长江经济带生态环境保护规划》《关于加强长江黄金水道环境污染防控治理的指导意见》《关于建立健全长江经济带生态补偿与保护长效机制的指导意见》等文件，但环境恶化趋势并没有得到根本的扭转，我国所面临的环境治理压力依然十分严峻。为什么中央政府高度重视环境治理却未能促进生态环境的不断优化？环境治理政策收效甚微的根源何在？仔细分析不难发现，环境污染的负向外溢效应、环境治理的正向外溢效应、环境治理主体权责不明晰是主要原因。我国环境政策的制定者是中央政府，环境政策的执行者主要是地方政府。中央政府环境政策的实际效果与地方政府的重视程度有关，与地方政府的环境治理投入有关，与地方政府之间的沟通协调有关，更为重要的是，环境污染的外部性、中央政府与地方政府在环境治理上的目标不一致也是影响环境治理绩效的重要因素（杨继生、徐娟，2016；沈坤荣、周力，2020）。此外，中央政府对地方政府的监管与考核是影响环境治理效率的重要因素，政策层面就中央政府如何监管地方政府的行为、如何考核地方政府环境治理绩效关注不多，特别是由于环境污染和环境治理的溢出效应，导致"多排放、少投入""我污染、你治理"成为地方政府的占优策略（赵霄伟，2014；马丽梅、史丹，2017），进而导致了地方政府环境治理意愿不强（杜龙政等，2019），也加剧了我国环境治理的难度（陈诗一、陈登科，2018）。

理论与现实均表明，需要以新的视角解决我国环境污染问题。为了解决太湖蓝藻水污染问题，江苏省无锡市提出了"河长制"，由地方政府领导担任辖区内河流的"河长"，负责处理辖区内河流的污染防治、污染治理等问题，取得了较好成效，并在江苏、浙江等地广泛推行。2016 年 12 月 11 日中共中央办公厅、国务院办公厅印发了《关于全面推行河长制的意见》，明确要求各级地方政府在 2018 年底前须全面建立"河长制"。近年来，全国各省份已相继制订"河长制"的实施方案并付诸实施，并取得明显成效。首先，河长制视域下地方政府既是环境治理政策的制定者，也是执行者，进一步明确了地方政府环境治理的主体地位，有利于解决以往环境治理中的中央政府与地方政府信息不对称的问题，有助于规避中央政府与地方政府之间在环境治理上的博弈，其本质是环境分权（李强，2018），有利于解决环境污染的外部性问题。其次，地方政府之间的环境治理竞争、地方政府环境治理意愿不强是我国当前环境治理面临的突出问题。河长制视域下环境分权进一步明确了地方政府在环境治理中的主体地位，通过明晰责权的方式对地方政府行为产生影响，进而解决环境污染所面临的外部性问题。环境政策究竟应该由中央政府制定还是地方政府制定、中央政府环境政策与地方政府环境政策效应孰优孰劣，其本质是关于环境分权和环境集权的问题。国外学者奥茨（Oates，1972）的分权理论认为，在公共产品的供给上，由于地方政府更为接近公众，也更为了解公众的需求，因此，公共产品由地方政府提供更为有效。环境政策的制定上，在溢出效应显著的情况下，中央政府的环境政策效应更大；在地区差异显著的情况下，地方政府的环境政策效应更大（Oates，2001）。除了环境污染的地区差异和溢出效应外，减排的边际成本也是影响环境政策效应的重要因素（Banzhaf and Chupp，2012）。近年来，国内学者开始关注环境分权和环境集权问题的研究，如祁毓和卢洪友等（2014）、陆远权和张德钢（2016）、白俊红和聂亮（2017）、邹璇等（2019）、李强（2020）等学者的研究，总体而言，国内学界的研究尚处于起步阶段。

那么，如何解决环境污染与治理的外部性、环境治理权责不明晰、地方政府与公众环境治理意愿不强等问题？相较于环境集权而言，环境分权有利于降低环境污染水平吗？其中内在的影响机理何在？综上所述，本书研究的主要问题是：

（1）相较于环境集权而言，环境分权有利于降低我国环境污染吗？

（2）环境分权影响环境污染的内在机理是什么？具体的治污效应如何？

（3）如何推进我国的环境污染治理？环境分权背景下我国环境污染治理的总体思路是什么，政策上、制度上如何加以保障落实。

二、研究意义

本书从河长制制度创新入手，系统分析我国环境污染的时序演变特征，从地方政府环境注意力和地方政府环境治理两个维度阐释环境分权对我国环境污染的影响机理，实证研究环境分权的减排效应，进而为我国跨区域环境污染治理提供理论支撑和智力支持，具有较高的学术价值和应用价值。

（一）理论意义

首先，丰富了环境分权与环境污染治理相关理论。本书深入分析了环境分权对环境污染的影响机理，扩展了环境治理的研究框架，有利于丰富环境治理的理论体系。

其次，从地方政府环境注意力和地方政府环境治理竞争两个维度阐释了环境分权影响环境污染的内在机理。将制度经济学中产权理论和心理学中注意力理论引入环境污染研究中，在界定环境分权和环境注意力概念的基础上，从地方政府环境注意力和地方政府环境治理竞争视角探讨了环境分权对我国环境污染的影响。

（二）现实意义

首先，为我国环境治理提供了思路。本书以环境治理为考察对象，围绕绿色发展这一重大现实经济问题，聚焦环境治理主体权责不明晰、地方政府环境治理意愿不强等关键问题，探究环境分权、地方政府环境注意力和地方政府环境治理竞争对我国环境污染的影响，为我国环境治理提供了新思路，对于有序推进绿色发展、高质量发展、可持续发展具有重要的参考价值。

其次，为制定科学合理的环境治理政策提供理论依据，也为其他跨区域环境治理提供了新的研究方向，为中央和地方政府决策提供智力支持。

第二节　国内外研究综述

现有文献从多个维度对环境污染和环境治理问题展开了研究，基于本书的研究主题，本部分主要从以下几个方面对现有文献进行梳理。

一、环境治理相关研究

（一）环境治理的理论源流及演进

19世纪中期，西方发达国家已经就工业生产带来的污染治理问题展开研究探讨，相关的理论研究日益丰富，主要形成了国家干预主义、市场自由主义和自主治理等三大理论（涂正革等，2018；祁毓等，2019）。环境治理国家干预主义较系统的理论和观点源于庇古（Pigou）。20世纪初，经济学家庇古（1932）从福利经济学视角研究外部性问题，认为自由市场经济会导致市场失灵，要想实现经济福利目标，必须采取政府干预手段，而且基于环境的负外部性特征，政府干预也极具必要性，可以通过征税和补贴的方式将外部成本内部化，其理论强调了政府在环境治理中的主体地位，也为政府采取强制性的手段来解决环境污染治理问题提供了理论依据。而新制度经济学奠基人科斯（Coase，1960）却认为，通过市场机制就可解决环境污染的负外部性问题，并不需要政府的干预，并提出了著名的"科斯定理"，其主要内容为：在产权明晰且交易成本为零的前提下，各利益主体均可通过市场的调节实现帕累托最优。该理论强调的是市场在环境治理中的主要作用，但随着环境治理理论的不断发展，奥斯特罗姆（Ostrom，1990）提出了政府与市场之外环境治理的第三种路径，即自主治理理论，该理论强调环境治理的多中心治理思路，核心在于多元主体的协调合作，其理论也为今后的多元治理模式奠定了基础。

20世纪80年代初，国内学者开始对环境问题展开研究，其中许涤新（1980）最早提出的生态经济学是基于经济学视角研究生态学，认为在社会主义生产和建设中要重视生态和经济两者间的平衡，更重要的是关注生态平衡，因为生态平衡一旦破坏，最直接的受损方是经济。刘思华（2005）赞同学者许涤新的说法，认为应将经济和生态结合起来考虑经济发展问题，传统的经济学忽视了经济与生态的统一是不可持续的，他认为中国的现代化建设需要创建自己的理论，即生态马克思主义经济学。另外，刘思华（2016）认为，现代经济发展理论中最重要的生态变革就是发展绿色经济，才能够实现人与环境的协调发展，这与当下提出的习近平新时代生态文明思想不谋而合，习近平新时代生态文明思想是以马克思主义的"人化自然"和中华优秀传统文化"天人合一"为基础，去其糟粕，取其精华，体现了"以人为中心"发展观，实现人与自然协调统一，经济社会的可持续发展。

（二）环境治理的主体研究

环境治理是一项复杂的系统工程，其参与主体涉及颇多，包括政府、企业、非政府组织和公众等，国内外文献对环境治理主体的研究较丰富，主要围绕单一主体到多元主体再到多元主体共治的演变研究。

1. 环境治理主体一元到多元的演变研究

从庇古（1932）的研究表明政府能够解决环境治理的困境再到奥斯特罗姆（1990）的多中心治理模式的崛起，这一过程说明环境治理主体经历了政府作为单一主体到企业、公众均作为环境治理主体的转变。梁（Liang，2015）结合了亚洲具体的情况以及欧洲环境治理模式，得出我国环境治理还是主要在于政府的推动。而维哈拉尼等（Wiharani et al.，2016）认为一个地区环境治理不仅受到国家层面的影响，还受到地方政府层面的影响，其中，地域性因素影响较大。萨万等（Savan et al.，2004）的研究不仅肯定了政府在环境治理中的主体作用，而且认为政府在环境治理中需要接受社会公众的监督，同时，企业也是作为环境治理的主体之一，在环境治理中应发挥其相应的作用。张冀等（2005）、陈海秋（2011）的研究表明，环境治理主体不能将企业、非政府组织以及公众等排除在外，应充分发挥各自的作用。近年来学者们对环境治理中公众参与研究颇多，认为公众是社会生活中不可或缺的一部分。毛如柏（2005）、法尔律等（Farzin et al.，2006）的研究均认为公众参与和民主监督一定程度上提高了环境政策的制定效率，有利于改善环境质量。李胜（2009）的研究进一步说明了公众参与可以提高环境治理效率。而郑思齐等（2013）和张艳纯等（2018）强调了环境治理中公众参与的重要推动作用，说明公众对环境的关注度提高了地方政府对环境的关注程度，从而加大环境治理程度，大大地提高环境治理效率。学者李子豪（2017）从公众参与的渠道展开分析公众参与对环境治理的影响程度，同样得出了公众参与对环境治理的积极影响，但不同渠道的公众参与效果有所不同。此外，余亮（2019）从不同类型的环境污染角度出发，探索公众参与对各类污染问题的影响效果，得出公众参与能有效改善水、固体废弃物及噪声环境治理效果，但对大气环境的改善较差的研究结论。

2. 环境主体多元共治的研究

随着现代治理理念的兴起，环境治理的多主体合作模式逐渐成为国内外学者研究的热点话题。帕金斯（Parkins，2006）、马迪娃等（Mateeva et al.，2008）认为环境治理需要建立多层次的合作，并且决策过程中应该有多元化主体参与。学者杨妍等（2009）主张环境治理过程中地方政府间应该建立跨流域的有效联合机制，认为这种合作机制是避免免费"搭便车"行为，也是解决跨流域环境问题的必要途径之一，这与肖建华（2012）的观点相一致。肖建华强调应该建立政府、企业和公众共同参与式的环境治理模式，这有助于解决我国环境治理的困境。有学者从京津冀的生态环境治理问题出发，从制度层面分析其环境治理需要多元主体的协同治理（王喆等，2015；王宏斌，2015），有学者从博弈视角研究生态环境协同治理的效率，认为协同治理是中央与地方政府、企业、公众共同参与环境治理，形成有效沟通、相互协调、良性互动与大力合作的治理格局（李礼，2016）。另有学者基于国家政策趋势，多元主体参与内涵、模式，探析多元共治的环境治理体系，认为其是我国环境治理的重要且必要的模式选择（谭斌，2017）。与上述学者研究结论相类似，沈洪涛等（2018）从政府、企业和公众的关系来分析环境治理的有效性，认为我国的环境治理需要建立多元共治的模式。而黄鑫权等（2019）从最近频发的环境群体性事件中得到启发，认为环境群体性事件也必然离不开政府、企业和公众的多元主体的协同治理模式。

（三）环境治理竞争研究

我国环境规制政策的制定者是中央政府，而政策的执行者是地方政府。一方面，由于环境污染和环境治理具有显著的外部性特征，导致地方政府在环境规制政策执行过程中容易出现相互"模仿"的现象，中央政府在监管过程中也存在较大难度，因此，地方政府之间的环境规制竞争将降低环境规制效率，这也是我国环境治理过程中急需解决的焦点问题；另一方面，环境污染具有的空间相关性及其空间溢出效应也加大了环境治理的难度（Anselin，2001；Maddison，2007；豆建民、张可，2015；赵琳等，2019），进而引发地方政府在环境规制方面的竞争。国外学者布兰顿

（Breton，1996）对环境规制竞争概念作了界定，环境规制竞争是指不同区域采用环境政策等手段，通过吸收资本、劳动力等要素以增强自身竞争优势的行为。与此相对应的是，作为相邻地区的政府也有同样的反应，这将导致地方政府环境规制的"逐底竞争"（Ulph，2000；Woods，2006），进而导致生态环境不断恶化（Wheel，2001；杨海生等，2008；王宇澄，2015）。学者沈坤荣（2020）的研究发现，上下游地方政府竞争导致了"污染回流效应"，而污染回流效应会被辖区内的"标尺竞争"进一步放大。环境污染的外部性（李胜、陈晓春，2011；财政分权（张华，2016）、地方政府间的博弈（李国平、王奕淇，2016）是影响环境规制竞争的重要因素，地方政府环境规制竞争的区域差异明显（朱平芳等，2011；赵霄伟，2014）。也有学者的研究表明，地方政府环境规制竞争现象并不明显（Potoski，2001；肖宏，2008），"棘轮效应"会促进各州政府普遍提高环境标准，进而产生"趋顶竞争"（Vogel，1997；张彩云等，2018）。邵帅（2019）的研究表明，环境规制能够促进区域产能利用率的提升，对工业污染减排和劳动需求增加均具有积极影响，具有明显的双重红利效应。

（四）基于分权视角的环境治理研究

从现有研究来看，财政分权与环境分权对环境污染的影响是国内外学者关注的重点领域，本部分将从财政分权和环境分权两个维度对现有文献进行回顾。

1. 财政分权与环境治理

早期关于分权和环境治理的研究主要探讨了分权对环境治理的影响，学者们从不同的研究视角出发得出了不同的研究结论，大多数研究表明，分权程度的提高会加重污染水平。国外学者较早关注了财政分权对环境污染的影响效应，研究结论有两种观点：一是"逐底竞争"（Race to the Bottom），如奥茨和施瓦布（Oates and Schwab，1988）、威尔森（Wilso，1996）、奥茨和波特尼（Oates and Portney，2003）等学者的研究，受政府官员晋升机制和经济增长单一激励作用的影响，在地方财政自主程度提高时，地方政府往往选择支持高碳行业发展而牺牲环境公共产品（李艳红，2020）。财政分权制度下地方政府为了促进本地区经济增长，提高地方财政收入，不惜以"牺牲"环境为代价，对辖区内具有较大发展潜力的排污企业视而不见，进而引发地方政府间的"逐底竞争"，导致辖区内的环境质量降低（金殿臣，2020）。与此同时，也有一些文献的实证研究表明，财政分权与环境污染恶化之间的关系并不明显（Revesz，1996；List and Gerking，2000），只有当地方政府竞争扭曲和财政税收工具失灵时，"逐底竞争"效应才显著存在（Lal，1998）。二是"逐顶竞争"（Raceto the Top），如格雷泽（Glazer，1999）、莱文森（Levinson，2003）等学者研究发现，财政分权背景下地方政府并不会出现"逐底竞争"，反而会提高当地的环境标准，促进生态环境质量的改善。

20世纪90年代的分税制改革对中国的经济发展产生了重要影响，与此同时，国内大量文献探讨了中国式财政分权与环境污染之间的内在关联，研究结论存在分歧，有学者认为财政分权是环境治理体系的重要抓手和基础支撑（王育宝，2019），但绝大部分学者的研究结果表明，财政分权将加剧我国的环境污染水平（张克中等，2011；陈宝东、邓晓兰，2015；刘建民等，2015）。杨小东（2020）通过研究财政分权体制下城市创新行为发现，地方政府通过财政分权对城市创新行为的干预抑制了环境污染的治理效果。此外，财政分权与我国环境污染之间的非线性关系也是现有学者研究的热点之一（李云雁，2012；李猛，2009；毛德凤等，2016；包国宪、关斌，2019），现有文献主要采用PSTR模型（刘建民等，2015）、面板门槛模型（吴俊培等，2015，）探讨了两者之间的非线性关系。与此同时，财政分权影响环境污染的空间溢出效应及其区域差异也是现有文献研究的一个重要分支。李光龙（2020）研究发现，财政分权对城市绿色发展效率的调节作用存在空间异质性和门槛效应，提出要把握适度的财政分权水平。贾友红和李向东（2017）的研究表明，财政支出分权有利于降低环境污染。郑洁（2020）则认为，当经济发展水平较低时，财政分权对环境治理的影响以负向的替代效应为主，财政分权不利于环境治理；而当经济发展水平较高时，财政分权对环境治理的影响以正向的收入效应为主。也有学者的研究提出，在协调财税政策的基础上，根据不同区域经济地理异质性制定差异化的环境改善策略，实现环境保护与财政经济的双赢（俞雅乖，2013；王育宝，2020）。

2. 环境分权与环境治理

国内外关于环境分权与环境方面的研究，主要聚焦在环境分权对环境污染的影响研究，相关结论仍存在分歧，一部分学者认为环境分权有利于降低环境污染水平（Oates，1999；Magnani，2000；Millimet，2003；Falleth et al.，2009；Sigman，2014；白俊红等，2017；沈坤荣等，2018；李强，2018；邹璇等，2019；李光龙等，2019；陆凤芝等，2019），具体而言，奥茨（1999）和米利米特（Millimet，2003）认为分权体制对于地方政府而言，能提供更优质的环境服务。基于不同区域的经济基础及地理位置等存在差异，环境污染状况也会有所不同，而地方政府了解本辖区的具休情况，能够通过成本收益法，为本辖区提供更好的环境公共服务。法勒斯等（Falleth et al.，2009）、西格曼（Sigman，2014）赞同前面学者的观点，认为分权背景下地方政府更能针对环境问题对症下药，制定符合当地的环境政策，更能有效促进环境保护和水污染的治理。白俊红等（2017）在构建环境分权指标下，实证分析环境分权有利于改善雾霾污染不断加剧的现状，并得出环境监察分权对雾霾改善的效果最为明显。邹璇等（2019）认为分权有利于区域的绿色发展。李光龙等（2019）和陆凤芝等（2019）从地方政府竞争角度出发，发现环境分权对区域的环境质量有积极的影响，但前者认为在地方政府的影响下，环境分权对绿色发展影响作用弱化了，后者认为环境分权和地方政府竞争更显著降低了环境污染。另外，学者沈坤荣等（2018）和李强（2018）基于河长制视角研究污染减排效果，其中，沈坤荣等（2018）利用双重差分法分析河长制实践中地方政府环境治理的政策效应，得出河长制达到了治理效果，但没有从根本上解决水污染问题。李强（2018）阐释了环境分权影响环境污染的内在机理，基于我国省级面板数据实证得出与环境集权相比，环境分权更能降低环境污染水平，为我国环境治理提供了重要的思路。

另一部分学者认为环境分权下环境质量不但没有改善，环境污染反而加剧了。具体而言，弗雷德里克森等（Fredriksson et al.，2002）和康丁斯基（Konisky，2009）认为，分权背景下地方政府通过降低环境标准和采取免费"搭便车"行为无视环境污染问题，造成环境质量的恶化。祁毓等（2014）通过构建环境分权、行政分权、监测分权和监察分权指数测算得出分权与环境污染的正向关系，即分权不利于降低环境污染，陆远权等（2016）从碳排放研究出发，探讨了分权影响碳排放的内在机理，并实证分析得出环境分权加剧了污染排放。张华等（2017）也验证了此结论，认为分权不利于碳排放的治理。潘海英等（2019）实证研究分权对水环境的影响，得出分权不利于水环境的治理，而且随着财政分权度的提高，这种不利影响更甚。然而，部分学者研究结论表明，环境分权不仅不利于污染治理，反而会促进政企合谋现象的发生，造成污染的加重（聂辉华等，2006；梁平汉等，2014）。另外，学者彭星（2016）实证研究得出，环境分权与工业绿色转型之间呈倒"U"型关系，当环境分权在一定范围之内时，环境分权有利于工业污染减排；当环境分权超过一定限度时，环境分权不利于降低工业污染水平。宋英杰等（2019）采用偏线性可加面板模型实证表明，不论是环境横向分权还是环境纵向分权都与地方的环保技术扩散呈"U"型关系。

（五）环境治理路径研究

现有文献从不同角度对征收碳税、排放权交易以及两者的复合型减排政策做了大量研究，实证检验了各种政策的减排效应，总体而言，绝大多数文献的研究表明，碳税和排放权交易结合的复合型减排政策是治理我国环境的最有效手段。

1. 碳税

此类研究的理论基础是庇古税理论，着重探讨了正式环境规制对环境污染的影响。征收碳税是控制能源消费和碳排放的重要经济手段（Baranzini et al.，2000），同时也会对一国的宏观经济产生重要影响（Wendner，2001）。弗洛罗斯和弗拉丘（Floros and Vlachou，2005）的研究表明，征收碳税能显著降低碳排放量。德国学者辛恩（Sinn，2008）所提出的"绿色悖论"观点引起学界的广泛关注，他认为，征收碳税将增加能源供给，在降低能源价格的同时会导致能源需求增加，因此，征收碳税反而会增加碳排放。曼尼和里奇斯（Manne and Richels，2006）、诺德豪斯（Nordhaus，2008）、金（Jin，2012）、布兰特和斯文森（Brandt and Svendsen，2014）等学者探讨了征收碳税对环境治理、技术进步的影响。综合而言，征收碳税是应对气候变化和环境污染的重要手段，其对发展中国家的影响效应要大于发达国家（顾高翔、王铮，2015；吕宝龙等，2019）。一些文献基于 CGE 模型（贺菊煌等，2002；王灿等，2005）和投入产出模型（杨超等，2011）分析了征收碳税对我国碳排放及宏观经济的影响，征税虽然存在信息不对称和调整政策时滞性等问题，但在流域污染治理成本和解决跨界污染纠纷方面都显著优于污染配额方法（赵来军，2011），有利于提高能源效率并减少碳排放量，同时也有利于实现产业结构的调整（姚昕、刘希颖，2010）。魏守道（2020）将碳税政策分为生产型碳税政策和消费型碳税政策，从国家福利、企业利润和碳排放量等方面研究南北国家碳税政策的经济效应和环境效应，提出南北国家应实施差异化碳税政策，合理控制消费环节的碳排放量。胡艺（2020）研究发现，碳税和碳排放交易都能有效减少各类国家的碳排放，但发展中国家低碳技术和能源结构升级更有利于碳税下的减排，建议发展中国家可将碳税作为优先考虑的碳减排制度。

2. 排放权交易

此类研究的理论基础是科斯定理理论，着重探讨了排放权交易对环境污染的影响。西方国家的实践表明，排放权交易是实现节能减排的有效方法。我国在长三角等地区进行排放权交易试点的基础上，近年来，大量排放权交易平台也陆续启用。排放权的初始分配（Hahn，1984）、排放权的定价机制（Fehr et al.，2009）、排放权交易下企业的行为（Goeree，2010）以及排放权的福利效应（Betz et al.，2010）是国外学者研究的重点。国内学者的研究表明，排放权交易有助于降低我国的硫排放强度（闫文娟等，2012），我国试点的排放权交易制度总体上是有效的（李永友、文云飞，2016；钱浩祺等，2019）。同时，我国排放权交易试点中存在企业参与度较低和市场交易量较少等问题，这严重影响了排放权交易政策的实际效果（朱皓云等，2012），而将累进性的价格形成机制引入排放权初始分配体系中将有利于实现排放权交易制度的良性运转（邹伟进等，2009；沈洪涛、黄楠，2019）。

3. 碳税和排放权交易结合的复合型政策

国外学者布里斯托等（Bristow et al.，2010）将交易主体由企业扩展到个人的研究中发现，征收碳税和排放权交易制度的减排效应无显著差异。何等（He et al.，2012）通过模拟排放权交易与碳税政策的减排效应后发现，各种方法均存在自身局限性，无显著最优解。罗克斯等（Raux et al.，2015）的研究也得出了类似的结论。也有学者的研究表明，复合型减排政策优于单一减排政策（Mandell，2008；Lee et al.，2008）。国内学者石敏俊等（2013）模拟了碳税、排放权交易以及碳税与碳交易相结合政策三种方法的减排效果及其宏观影响，结果表明，排放权交易与适度碳税相结合的减排政策是最为合理的。孙亚男（2014）的研究也认为，碳税和碳排放交易的结合是我国节能减排的最优路径，张博和徐承红（2013）、魏庆坡（2015）、曹裕和王子彦（2015）等学者的研究也支持该结论。赵黎明和殷建立（2016）的研究也表明，碳税和碳排放交易并存的复合型政策比单一政策的效果更好，并构建了碳减排二层决策模型探讨了复合型政策的减排效应。董梅（2020）的研究指出，单一实施碳交易或碳税政策并不能完全实现碳减排目标，而两种减排政策配合实施可以减缓对经济系统的冲击以实现碳减排目标。

（六）环境治理效率研究

国外学者的研究主要基于成本—收益理论（Laplante and Rilstone，1996）、环境库兹涅茨曲线（Brunnermeier，2003）、方向距离函数法（Pedro，2010）对环境规制效率展开研究。部分学者的研究表明，环境规制政策能够减少企业的污染排放量（Magat and Viscusi，1990；Greenstone，2002），具有一定的减排效应（Conrad and Wastl，1995；Matthew，2007）。也有学者的研究发现，环境规制政策能降低污染排放企业排污的时间

（Nadeau，1997）。

国内学者杨冕（2020）研究发现，2000～2017年我国各地区工业污染治理效率呈逐年上升态势，但总体水平仍较低，并呈现出自西向东不断增强的空间格局，同时我国工业污染治理效率存在较强的空间相关性和空间集聚特征。早期的文献着重探讨了我国环境规制的理论渊源（肖兴志，2007）和评价方法，CCR模型（董秀海等，2008）、DEA方法（郭国峰、郑召锋，2009）是国内文献分析环境规制效率常用的方法。现有文献的研究表明，我国环境规制效率总体呈现不断上升的态势（程钰等，2016），但总体水平不高（范纯增等，2016），环境规制效率出现明显的空间集中现象（徐志伟，2016），东部地区的环境规制效率明显高于中西部地区（徐成龙等，2014；李强、韦薇，2019），其中，科技创新（解学梅等，2015）、中央与地方政府之间的博弈（朱德米，2010）是影响环境规制效率的重要因素。

二、环境污染相关研究

（一）环境污染测度及影响因素研究

1. 环境污染测度研究

目前现有文献关于环境污染的测度方法较多，主要分为单指标测度法和综合指标测度法两种。其中，单指标测度法是指采用某个单一的环境污染指标进行测度。早期大多数国外学者主要采用工业废水排放量（Sigman，2007）、二氧化碳排放量（Shafik，1994；Rubin，2002）、二氧化硫排放量（Prechel H，2014）衡量环境污染水平的高低，安特韦勒（Antweiler，2001）通过构建计量回归模型实证研究贸易对二氧化硫的影响，以验证贸易开放对环境质量改善有明显的促进作用。同样地，国内学者晋盛武（2014）将能源消耗过程中产生的二氧化硫作为环境污染的代理指标，从理论和实证两方面验证腐败通过抑制经济增长进而间接影响环境污染的。张克中（2011）则进一步从碳排放视角研究财政分权对环境污染的影响，结果发现财政分权与人均碳排放呈正相关关系，财政分权不利于解决碳排放污染问题。林思宇（2018）选取化学需氧量排放量表征企业污染状况，实证研究环境税征收对排污企业的影响，进一步分析不同税率水平对高污染企业的不同影响。朱金鹤和张瑶（2019）在研究环境污染对城乡收入差距的影响时，分别利用二氧化硫排放总量和化学需氧量排放总量衡量环境污染，均得出环境污染对城乡收入差距有促进作用的结论。叶林祥（2020）在研究中选取地方空气质量指数平均值衡量客观空气污染变量。

此外，也有学者出于环境污染排放总量不能准确反映各区域特征的考虑，采用每平方公里二氧化硫排放量来衡量环境污染水平，实证研究环境污染对全要素生产率的影响（陈逢文、刘年康，2012）。

鉴于单一指标无法客观全面地衡量一个地区整体环境污染水平，随着进一步深入研究，大多数学者通过构建环境污染综合指标体系测度环境污染状况。国外学者马奈木（Managi，2009）采用二氧化硫、二氧化碳和生物需氧量衡量环境污染状况，研究贸易开放是否有利于改善经合组织国家的环境质量。一些学者选取废水排放量、二氧化硫排放量、烟尘排放量、工业废气排放量、工业粉尘排放量、工业固体废物排放量作为基础指标，并采用主成分分析法将这六个基础变量合成污染综合指数（丁继红，2010；谭志雄，2015；李强，2019）。朱相宇等（2014）构建了包含大气环境、水环境和噪声环境三个维度的环境污染综合评价指标体系对北京市的环境污染现状进行横向和纵向评价。谢谋盛（2019）利用主成分分析法将长江中游城市群工业废水排放强度、工业二氧化硫排放强度与工业烟粉尘排放强度三个指标合成一个综合指标测度环境污染。胡绪华等（2020）从工业二氧化硫、工业废水、工业固体废弃物、工业烟（粉）尘四个方面测算环境污染状况。

2. 环境污染的影响因素分析

国内外学者关于环境污染影响因素的研究成果较为丰硕，现有文献多集中在经济增长、技术创新、制度质量、外商直接投资等方面。

（1）关于经济增长与环境污染关系的研究。经济增长与环境污染关系的探讨大多是以环境库兹涅茨曲线为基础进行理论和实证研究的。早期学者研究证实环境污染与人均收入之间呈现出倒"U"型的关系，随着人均收入的不断增加，环境污染程度先增加后减少，即环境污染与人均收入之间存在库兹涅茨曲线。格罗斯曼（Grossman，1995）首次就环境库兹涅茨曲线理论假说进行了验证，他通过提出环境污染是国内生产总值（GDP）的三次函数假说，并基于跨国面板回归模型实证考察经济增长与环境污染的关系，结果发现大部分污染物质与经济增长呈倒"U"型变动趋势。随后，一些学者在格罗斯曼和克鲁格（Krueger）研究的基础上证实了环境库兹涅茨曲线的存在（Selden and Song，1994；Dasgupta et al.，2002），还有部分学者将经济增长与环境污染关系扩展"N"型、倒"N"型等多种形状（Perman and Stern 2003；Friedl and Getzner，2003）。国内学者对经济增长与环境污染的关系做了大量研究，并取得丰硕的研究成果。晋盛武（2014）将腐败、经济增长与环境污染纳入同一分析框架中分析三者之间关联，研究发现经济增长与二氧化硫呈现出倒"U"型关系，验证了库兹涅茨曲线的存在，并认为当前我国经济的快速增长加剧了环境污染物排放，经济增长还未突破库兹涅茨曲线的拐点。赵超（2015）首先通过空间相关性研究结果显示，不同地区经济增长对相应区域环境污染有正向作用，进一步实证研究表明经济增长与环境污染存在"N"型的库兹涅茨曲线特征，从长远看，经济增长会增加环境污染排放量，不利于环境质量提升。谢波等（2016）将人均二氧化硫和人均工业废水排放量作为衡量城市环境污染的指标，探讨人均GDP与城市污染分项指标关系，发现人均GDP与人均二氧化硫排放量表现出倒"N"型关系，而与人均工业废水排放量呈负相关变化趋势。还有学者研究发现，经济增长与不同污染排放物呈现差异化的曲线形态，包括倒"N"型、倒"U"型、正"N"型等（张成，2011；闫桂权，2019）。

（2）关于技术创新与环境污染关系的研究。关于技术创新对环境污染的影响效应，一部分学者支持技术创新的环境正效应结论，认为技术效应能够减轻环境污染水平。希比基（Hibiki，2009）以美国制造业为研究对象，研究技术进步和国际贸易对环境质量的影响，结果发现技术进步在生态环境的改善中发挥重要作用。随着对技术创新与环境污染关系研究的不断深入，学者们逐渐对技术进步类别进行区分。李斌和赵新华（2011）将技术进步量化为生产技术和污染治理技术，研究发现生产技术和污染治理技术对减少工业废气排放有促进作用，且技术进步对废气减排的正面作用超过了工业结构对环境质量的负面影响。王鹏（2014）认为相较于环境污染治理投资，企业技术创新对环境污染的前端预防效果更为显著，且企业技术创新能够显著提高二氧化硫的去除率。赵增耀（2020）构建空间计量和面板回归模型实证研究工业集聚、大气污染治理技术创新与大气污染物之间的关系，研究发现大气污染治理技术创新能力较低时工业集聚会加剧大气污染程度，技术创新能力较强时工业集聚会降低大气污染程度，提高大气质量。还有学者持相反观点，认为技术进步会遏制环境质量的改善（彭水军，2006）。

（3）关于制度质量与环境污染关系的研究。除了经济增长、外商直接投资和技术创新外，制度质量也是影响环境污染的重要因素。一些学者研究发现，环保补助和环保贷款制度对环境污染的治理没有起到积极作用，排污权交易制度的减排效应并不明显（李永友、沈坤荣，2008）。包群（2013）以环保立法为研究对象，针对环保立法的减排效果进行了评价，结果发现仅靠环境立法并不能有效减少环境污染物的排放，严格环境执法力度在立法实施的过程中至关重要，环境管制发挥其效果需要立法和执法的共同配合。环境税制度也是降低环境污染水平、提高环境质量的有效途径，但提高环境税率在减少污染排放的同时会给经济发展造成轻微的负面影响（秦昌波，2015）。李佳佳（2017）运用空间计量实证分析不同的制度安排对我国环境库兹涅茨曲线形状和拐点的影响，研究发现在产权制度和环境制度作用下，EKC曲线向左移动，达到拐点时间提前，而在市场制度作用下，EKC曲线向右移动，达到拐点时间推迟。

（4）关于外商直接投资与环境污染关系的研究。国外学者格罗斯曼和克鲁格首先提出外商直接投资通过结构效应、规模效应和技术效应影响环境污染。现有文献基于外商直接投资对环境污染的影响机制，形成了"污染天堂"假说和"污染光环"假说两种对立的观点。国内学者沙文兵（2006）将工业废气排放量作为环境污染的衡量指标，实证研究外商直接投资的环境污染效应，结果发现外商直接投资加剧了环境污染物的排放。而阿斯加里（Asghari，2013）等认为外商直接投资的引入有利于环境质量的改善。包群（2010）以我国36个工业行业为研究对象，分别考察外商直接投资对六种工业行业污染物排放的影响，发现随着外商直接投资的流入人均污染物排放量降低，且没有充足的证据支持"污染天堂"假说。国外学者柯尔（Cole M.，2011）认为发达国家为维护自身生态环境质量，将具有高污染性的企业转移到为吸引外资而降低环境准入水平的发展中国家，使这些发展中国家成为"污染避难所"。刘飞宇等（2016）利用我国市级面板数据，研究发现外商直接投资减轻了我国工业废水和工业二氧化硫的污染，却加剧了工业烟尘的排放，验证了"污染天堂"和"污染避难所"假说同时存在。

（二）基于分权视角的环境污染研究

现有文献集中探讨各类经济社会性因素对环境污染的影响，而关于影响环境污染的制度性因素方面的研究却不足。随着对我国分权体制研究的不断深入，学者们逐渐将分权与环境污染联系起来，注重探索我国分权体制对环境污染造成的影响。

1. 财政分权与环境污染关系研究

随着环境污染问题日益严峻，学者们从多个层面对环境污染问题进行研究，其中中央与地方有关环境公共事务的集权与分权问题成为学界关注的热点。从财政分权角度研究对环境污染的影响主要有两种相反的观点：一种观点认为财政分权对环境污染具有正向影响，国外学者西格曼（2007）基于全球河流水污染数据研究财政分权对环境污染的影响，结果发现财政分权加剧了水污染程度。在分权背景下，地方政府间的经济竞争行为导致地方政府放松了对环境污染的管制，着重发展地方经济的同时降低对环境质量的监管，不利于生态环境质量优化（Rauscher，2005；陶然，2009）。张克中等（2011）选取1998~2008年我国28个省份的面板数据研究财政分权与碳排放之间的关系，结果发现财政分权不利于碳排放量的减少。俞雅乖（2013）的研究结果表明，财政分权不仅不利于降低环境污染水平，反而促进了环境污染物排放量的增加，且财政分权对我国不同地区环境污染的影响也会有所区别，东部地区分权度提高有利于减少污染物排放，中西部分权度的提高不利于环境质量提升。经济发展水平也是影响财政分权减排效应的重要方面，尤其在经济发展较弱的地区，地方政府间的经济增长赶超行为显著增强了财政分权对环境污染的正向影响（吴俊培，2015）。也有学者从理论和实证两个方面研究证实，财政收入分权对环境污染有显著的正向影响，即财政收入分权加剧了环境污染（贺俊，2016）。宋美喆（2020）则以长江中游城市群为研究对象，选取工业二氧化硫和工业废水排放量表征环境污染指标，实证验证财政分权对环境质量的抑制作用。

另一种观点认为财政分权并不会加剧环境污染，提高分权度会促进生态环境质量的优化。由于不同地区生态环境状况存在较大差异，中央政府不能掌握地方全部信息，所制定的环境政策不具有地区差异化特征，会对地方福利水平造成损害，而由地方政府制定的环境政策可能会提高地区福利水平（Saveyn，2008）。雅各布森（Jacobsen，2010）通过比较分析集权和分权体制下的环境政策效果，研究发现财政分权能够解决环境质量偏好差异性的问题，即财政分权有利于改善环境质量。薛钢（2012）采用财政支出分权和财政收入分权衡量财政分权指标，分别考察分权对环境污染的影响，实证研究发现财政支出分权与环境污染呈负相关关系，财政收入分权与环境污染关系并不确定。谭志雄和张阳阳（2015）通过构建投入产出模型探究我国财政分权与环境污染的关系，结果表明财政分权与环境污染呈负相关关系。万丽娟（2019）研究发现，财政分权会通过增加环境污染治理投资等渠道减少环境污染排放，且不同地区财政分权对环境污染的影响存在较大差异。

2. 环境分权与环境污染关系研究

关于环境治理问题采用集权还是分权的环境管理体制学界一直存在较大争议，主要分为两种：以斯图尔特（Stewart，1977）、赫兰德和惠特福德（Helland and Whitford，2002）为代表的学者研究认为，集权体制下由中央政府统一提供环境公共品可以避免其他地方政府产生"搭便车"心理，有利于提高公共品的供给效率。厄尔夫（Ulph，1998）研究发现分权体制加剧环境污染的现象，即地方政府为吸引更多的外商投资流入本地市场，会降低环境监督管理标准，地方政府之间形成"逐底竞争"的发展态势，从而导致环境污染进一步恶化。另外一部分学者持相反观点，认为不同地区经济发展、环境现状、资源禀赋存在较大差异，分权的管理体制有利于地方政府因地施策，提供更高效的环境公共品，相较于分权，集权体制导致中央政府忽视地区异质性，无法提供满足当地居民偏好的环境公共品（Millimet，2003）。

以上文献多采用财政分权简单代替环境分权指标，而忽略了从环境管理制度本身考察对环境污染的影响。财政分权侧重于中央与地方之间有关经济和政治权利划分的问题，而基于环境联邦主义理论的环境分权主要体现中央与地方政府间关于环境事权的划分，两者虽有类似之处，但也有本质区别，若将两者混为一谈，则无法准确判断环境分权管理体制的真实减排效果。

近年来，关于环境分权的减排效果研究不断深入，但针对环境分权是否有利于降低环境污染水平学界尚未形成统一结论。部分学者对环境分权的减排效应持悲观态度，认为环境分权加剧了环境污染。国外学者奥约诺（Oyono，2005）在对喀麦隆森林管理权力下放的政策效果进行分析时，发现分散管理并没有产生预期的经济效果，反而给当地生态环境带来负面的影响。国内学者祁毓（2014）将环境分权分为环境行政分权、环境监察分权和环境监测分权，并构建多个模型实证研究环境分权对环境污染的影响效应，结果发现四类环境分权与环境污染均呈现出显著的正相关关系。也有学者从理论和实证两个层面检验环境分权对碳排放量影响，认为地方政府环境管理权限扩大是造成碳排放量增加的重要原因（陆远权和张德钢，2016）。李静（2015）基于环境"逐底竞争"和现行管理权限划分的背景，采用我国九大水系监测断面周数据研究表明，跨界流域存在突出的污染"边界效应"。也有学者持相反观点，认为环境分权对环境污染具有抑制作用。陆凤芝（2019）采用各级环保部门的人员配置和分布情况衡量环境分权程度，多维度实证研究环境分权与地方政府竞争对环境染污的影响，结果发现，提高环境分权水平有利于降低环境污染，地方政府间的竞争导致生态环境恶化，两者共同作用有利于环境质量改善。此外，一些学者认为环境分权对环境污染的影响具有异质性。费拉拉（Ferrara，2014）认为环境权力下放对生态环境的影响取决于区域间比较优势和跨界污染的程度。邹璇等（2019）运用空间计量的方法研究得出，不同的环境分权指标对绿色发展的影响也有区别，除环境监察分权外，环境分权、环境监测分权及环境行政分权都对区域绿色发展有正向作用。一些文献探讨了环境分权与环境污染间的非线性关系。彭星（2016）对环境分权与工业绿色转型的关系进行研究，发现一定范围内的环境分权对工业绿色转型有正向影响，且区域异质性显著，东部沿海地区环境分权的提高会促进工业绿色转型，而中西部环境分权的提高则会抑制工业绿色转型。

三、简要评述及研究趋势

综上所述，现有文献围绕环境治理理论及其应用作了大量研究，重点关注了环境治理的理论基础、主体、效率、路径等问题，这为本书的进一步研究提供了有益借鉴。学界就环境分权和环境集权问题的研究尚处于起步阶段，现有文献的研究以规范分析为主，着重探讨了环境政策究竟应该由中央政府还是地方政府制定的问题。近年来，一些文献采用实证研究方法实证检验了环境分权的减排效应（祁毓、卢洪友等，2014；陆远权、张德钢，2016；张华等，2017；陆凤芝、杨浩昌，2019），但是，就环境分权是如何影响环境污染这一关键问题关注较少，缺少从理论层面阐释环境分权影响环境污染内在机理的研究。河长制为我国环境治理提供了新的思路。河长制背景下环境治理的责任完全下放到地方政府，其本质是环境分权，有利于解决环境污染的外部性、环境治理的权责不明晰、地方政府与公众环境治理意愿不强等问题。有鉴于此，本书引入产权和注意力理论，系统阐释环境分权与环境注意力、环境注意力与环境污染以及环境分权与环境污染之间的内在关联，从地方政府环境注意力和地方政府环境治理竞争两个视角揭示环境分权影响环境污染的作用机制，基于我国面板数据进行实证分析，对于有序推进我国环境治理具有重要的参考价值。

第三节　研究内容、方法及创新之处

一、研究内容

中共十九大报告指出，要坚决制止和惩处破坏生态环境行为，必须树立和践行"绿水青山就是金山银山"的理念，坚决打赢污染防治攻坚战，建设美丽中国。因此，如何推进我国环境治理业已成为政府与学界关注的焦点问题。有鉴于此，本书聚焦环境分权的减排效应研究，从地方政府环境注意力和地方政府环境治理两个维度阐释环境分权影响环境污染的内在机制，总体框架可概括为"剖析—阐释—揭示—验证—提出"：首先，对国内外相关研究进行回顾（第一章），对我国环境污染现状进行分析，对我国环境治理面临的困境进行深入剖析，探讨我国环境分权治理的缘起（第二章），在此基础上，分析环境分权与环境污染的相关理论，从地方政府环境注意力和环境治理竞争视角阐释环境分权影响环境污染的内在机理（第三章）；其次，分别探讨环境分权对环境污染（第四章）和能源使用效率（第五章）的影响，揭示环境分权的污染减排效应；再次，从地方政府环境注意力（第六章）和地方政府环境治理竞争（第七章）两个视角验证环境分权影响环境污染的作用机制；最后，系统总结本书的研究结论，提出推进我国环境治理的政策建议（第八章）。具体研究内容如下：

第一章，绪论。阐述本研究的背景及其意义，从多个维度就国内外环境污染和环境治理相关研究进行总结、概括，在此基础上，介绍了本书的主要研究内容、研究方法及可能的创新之处。

第二章，我国环境污染现状、治理困境与环境分权的缘起。本章的第一节和第二节首先对我国 30 个省（区、市）2000～2018 年环境污染的时空演化特征和 2003～2018 年环境治理的时序变化与空间分异特征进行分析，剖析我国各地区环境污染和环境治理现状。其次，第三节结合数理模型，从中央与地方政府间环境治理博弈困境、地方政府间环境治理的博弈困境、地方政府与企业间环境治理的博弈困境、地方政府与公众间环境治理的博弈困境四个层面描述我国环境治理所面临的困境。最后，系统阐释了我国环境分权治理的缘起及其影响。

第三章，河长制视域下环境分权与环境污染：理论与机理。本章首先探讨了环境分权与环境污染的相关理论，剖析了河长制与环境分权的内在联系。其次，着重从地方政府环境注意力和地方政府环境治理竞争两个维度阐释了环境分权影响环境污染的作用机制。此外，机理分析部分采用理论阐释和数理模型分析相结合的方法进行分析，夯实了本研究的理论基础。

第四章，环境分权对环境污染的影响研究。环境政策究竟应该由中央政府制定还是地方政府制定、中央政府的环境政策效应与地方政府环境政策效应孰优孰劣，其本质是关于环境分权和环境集权的问题，环境政策的实施及其效应是现有文献研究的热点问题。本章首先从我国河长制制度创新出发，认为河长制的本质在于环境分权，从地方政府行为视角阐释了环境分权对环境污染的影响。其次，引入环境行政分权、环境监察分权和环境监测分权进行再检验。再次，考虑环境问题的外溢效应，从引入空间计量模型、考虑环境分权其他表征方法等维度就环境分权的减排效应进行了稳健性检验，丰富了环境分权的相关研究。最后，在手动收集整理河长制数据的基础上，基于长江经济带 108 个城市市级面板数据进行再检验，进一步夯实本研究的基础。

第五章，环境分权对全要素能源效率的影响研究。降低能源消费量和提高能源使用效率是节能减排的两个重要手段，在第四章着重探讨了环境分权对环境污染的影响的基础上，本章研究重点转向能源效率方面。具体而言，本章重点探究环境分权影响全要素能源效率的内在机理，实证研究了环境分权对我国全要素能源效率的影响。其次，在手动收集整理河长制数据的基础上，基于长江经济带 108 个城市市级面板数据进行再检验，进一步丰富本书的研究基础。

第六章，环境分权的减排效应研究：环境注意力视角。本章着重从地方政府环境注意力视角阐释环境分权影响环境污染的作用机制。首先，在对制度经济学、环境经济学和心理学等相关理论进行分析的基础上，界定环境分权、环境注意力等重要概念，采用机理阐释和数理模型相结合的方法探究环境分权、环境注意力与环境污染三者之间的内在关联，构建环境分权、环境注意力影响环境污染的理论框架。其次，构建博弈模型比较分析环境分权和环境集权背景下地方政府环境注意力的演化趋势，探究环境分权对地方政府与公众环境注意力的影响，分析地方政府与公众环境注意力之间的内在关联及异质性特征。再次，比较分析地方政府与公众环境注意力对环境污染的影响，探究地方政府环境注意力影响环境污染的作用机制，引入地方政府环境注意力中介变量，试图揭示环境分权影响环境污染的内在机制。最后，在手动收集整理河长制数据的基础上，基于长江经济带 108 个城市市级面板数据进行稳健性检验。

第七章，环境分权的减排效应研究：地方政府环境治理视角。本章着重从地方政府环境治理视角阐释环境分权影响环境污染的作用机制。具体而言，首先，是引入产权理论，从权责明晰视角阐释环境分权对我国环境治理的影响，揭示地方政府环境治理的策略互动行为，探究我国地方政府环境治理的标尺竞争效应，剖析环境分权背景下地方政府环境治理的"同群效应"。其次，从标尺竞争视角阐释环境分权影响环境治理的内在机制，构建中介效应模型进行检验，采用静态面板、空间计量、双重差分等实证研究方法、验证环境分权、地方政府环境治理与环境污染三者之间的关系。最后，在手动收集整理河长制数据的基础上，基于长江经济带108个城市市级面板数据进行稳健性检验。

第八章，我国环境治理长效机制构建与建议。本章对本研究的主要结论进行总结，有针对性地提出构建我国环境治理长效机制和促进我国环境治理的相关政策建议。

本书的研究框架如图1-1所示。

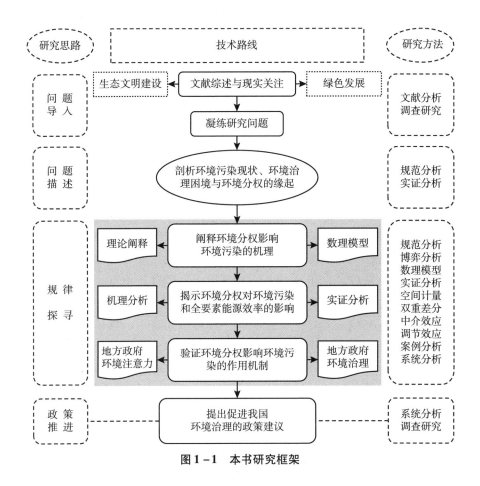

图1-1 本书研究框架

二、研究方法

本书主要涉及资源与环境经济学、区域经济学等多领域的基本理论，主要采用规范分析和实证分析相结合、以实证研究为主的分析方法，主要方法如下。

（一）文献分析方法

围绕环境治理、环境分权等内容，对相关研究文献进行系统梳理，了解现有文献对环境污染、环境分权的评价方法，夯实课题研究的理论基础。

（二）数理建模分析方法

构建博弈数理模型阐释我国环境治理面临的困境，建立数理模型、从地方政府环境注意力和环境治理竞争视角探究环境分权对环境污染的作用机理。

（三）实证分析方法

实证研究环境分权对地方政府环境注意力和地方政府环境治理的影响、地方政府环境注意力和地方政府环境治理对环境污染的影响，以及环境分权减排效应，系统总结环境分权的减排效应。

三、创新之处

（一）研究视角方面的创新

本书从环境分权视角探究我国环境污染问题。环境污染的外部性、中央政府与地方政府的目标不一致、中央政府与地方政府之间以及地方政府之间的博弈是影响环境治理的重要因素，与此同时，环境治理主体的权责不明晰、地方政府与公众环境治理意愿不强也是我国环境治理面临的突出难题。本书从我国当前的河长制制度创新出发，提出河长制的本质在于环境分权，阐释河长制与环境分权两者之间的内在关联，通过明晰地方政府环境治理的主体地位，有利于解决环境治理具有的权责不明晰问题，为我国环境治理提供了新的思路，研究视角较为新颖。

（二）理论探索方面的创新

本书从地方政府环境注意力和地方政府环境治理视角阐释环境分权影响环境污染的作用机制。国内外学者就环境分权的研究尚处于起步阶段，现有文献围绕环境治理理论及其应用做了大量研究，从不同维度探讨了环境分权与环境污染之间的关联。但是，现有文献就环境分权如何影响环境污染这一关键问题关注较少，从理论层面阐释环境分权影响环境污染内在机理的研究也较少涉及，特别是，环境分权考察的是中央与地方政府在环境治理上的权责分配问题，那么，环境分权对地方政府环境治理有何影响？影响机制是什么？遗憾的是，现有文献在此方面的研究较少涉及，这也是本书研究拟突破的一个方向。

（三）研究方法和数据表征上的创新

手动收集整理河长制数据、采用不同研究方法进行实证研究。本书采用静态面板、动态面板、空间计量和双重差分相结合的方法进行实证研究，并从不同角度进行稳健性检验，进而降低内生性问题对模型估计结果造成的影响。此外，本书基于我国省级面板数据进行实证研究的基础上，通过百度、北大法宝和中国知网等、手动收集整理长江经济带 108 个城市河长制数据，用各地河长制实施情况表征环境分权，从省级和市级面板数据两个维度进行实证研究，从多个维度进行稳健性检验，进而增强研究结果的可靠性。

第二章 我国环境污染现状、治理困境与环境分权的缘起

改革开放以来，我国经济虽保持快速增长的态势，但在城镇化和工业化进程加速推进的同时，生态环境呈现不断恶化的趋势，粗放型经济增长模式急需转型升级，加快推进生态文明建设和环境综合治理成为我国当前经济发展进程中需要解决的关键问题。为此，党和政府高度关注环境污染问题，将环境治理工作提升到前所未有的高度。党的十九大和十九届二中、三中、四中、五中全会中均多次提及环境保护问题，绿色发展已经成为近年来政府与学界普遍关注的热点问题。在此背景下，厘清我国环境污染现状、深入剖析我国环境治理面临的困境是推进环境污染治理的前提。有鉴于此，本章首先对我国 30 个省（区、市）① 2000～2018 年环境污染和 2003～2018 年环境治理的现状进行分析，探究我国各地区环境污染和环境治理水平的时空演化特征。其次，系统总结我国环境治理实践经验，重点总结太湖流域河长制和新安江流域生态补偿的实施经验。最后，构建博弈数理模型分析我国环境治理面临的困境，为后续的理论与实证研究夯实基础。

第一节 我国环境污染现状分析

《2019 年中国生态环境状况公报》显示，我国 337 个地级以上城市中，只有 157 个城市环境空气质量达标，占全部城市总数的 46.6%，其余的 180 个城市的空气质量超标，占全部城市总数的 53.4%；全国地表水

---

① 考虑到数据的可得性，西藏自治区、香港特别行政区、澳门特别行政区、台湾地区未计入，下同。

Ⅰ～Ⅲ类水质断面比例为74.9%，同比上升3.9个百分点；劣Ⅴ类断面比例为3.4%，同比下降3.3个百分点。我国的环境质量虽总体得到明显改善，但形势依然不容乐观，加快推进生态文明建设已然成为实现经济社会和谐发展的必然选择。因此，正确认识我国环境污染现状、准确把握环境污染的变化趋势，对国家进一步制定环境政策、推进生态文明建设进程而言就显得十分重要和必要。本节利用六类污染物排放量对环境污染指数进行测算，在此基础上，分析2000～2018年我国30个省（区、市）污染物排放的时序变化以及空间格局演化特征，对我国环境污染现状作出初步评估。

一、我国环境污染指数测度

（一）环境污染指标体系

环境污染问题与我们生活息息相关，也是国内外学者关注的重点话题，其涵盖了废气、废水、固废等内容，是个复杂的系统过程，因此，需要构建综合指标体系来衡量环境污染水平。考虑到数据的完整性和可获得性，本研究采用省（市）工业废气排放量（亿标立方米）、工业烟尘排放量（吨）、工业粉尘排放量（吨）、工业二氧化硫排放量（吨）、工业废水排放量（万吨）、工业固体废弃物产生量（万吨）六个基础指标构建综合指标体系对环境污染进行测度。

（二）测度方法

不同方法测度的结果会有显著差异，根据各指标权重的确定方法可以将这些方法分为主观赋权法和客观赋权法，相较于主观赋权法，客观赋权法更加科学客观。熵值法是客观赋权法中最常用的确定权重的方法，本书中选用熵值法对环境污染综合水平进行测度，测算过程如下：

第一步，对原始矩阵进行标准化处理。由于环境污染综合指数各个指标的数量级和量纲大小不同，因此在测度环境污染综合指数之前，本书对所有的负向基础指标进行了正向化处理。

m 个评价指标，n 个对象构成的原始数据矩阵为：

$$
\begin{bmatrix}
x_{11}, & x_{12}, & \cdots, & x_{1n} \\
x_{21}, & x_{12}, & \cdots, & x_{2n} \\
\cdots & \cdots & \cdots & \cdots \\
x_{m1}, & x_{m2}, & \cdots, & x_{mn}
\end{bmatrix}
\qquad (2-1)
$$

对该矩阵进行标准化处理，计算公式如下：

$$\lambda_{ij} = \frac{\chi_{ij} - \chi_{\min(j)}}{\chi_{\max(j)} - \chi_{\min(j)}} \qquad (2-2)$$

由于熵值法中运用到对数，标准化后的数值不能直接使用。为解决负值造成的影响，需对标准化的数值进行平移，计算公式如下：

$$Z_{ij} = \gamma_{ij} + A \qquad (2-3)$$

式（2-2）中，Z_{ij} 为平移后的数值，A 为平移幅度。

第二步，对各指标进行同度量化。第 j 项指标下，第 i 城市占该指标的比重为 p_{ij}，计算公式如下：

$$p_{ij} = \frac{Z_{ij}}{\sum\limits_{i=1}^{n} Z_{ij}} (i = 1, 3, \cdots, m) \qquad (2-4)$$

式（2-3）中，n 为城市的数量，m 为指标个数。

第三步，第 j 项指标熵值 e_j 为：

$$e_j = -k \sum_{i=1}^{n} p_{ij} \ln(p_{ij}) \qquad k = \frac{1}{\ln(n)}, e_j \geqslant 0 \qquad (2-5)$$

第四步，计算第 j 项指标的差异系数 g_j：

$$g_j = 1 - e_j \qquad (2-6)$$

第五步，计算第 j 项指标的权重

$$w_j = \frac{g_j}{\sum\limits_{j=1}^{m} g_j} (j = 1, 2, 3, \cdots, m) \qquad (2-7)$$

第六步，计算第 i 个城市的环境污染

$$POLLUTION_i = \sum_{j=1}^{m} w_j p_{ij} \qquad (2-8)$$

（三）数据来源

本书环境污染综合指数由六个基础指标构建而成，数据主要来源于《中国环境统计年鉴》《中国统计年鉴》《中国环境年鉴》，部分缺失数据通过查阅地方年鉴予以补齐。

二、我国环境污染现状分析

为了更客观全面地了解我国环境污染的实际情况，本书基于我国 30 个省（区、市）的六项污染指标对我国环境污染现状进行分析。其中的时间趋势图数据为我国 2000～2018 年各地区环境污染指标的平均值；空间分布图数据基于我国 30 个地区 2000～2018 年各环境污染指标数据。

(一) 我国工业废气排放分析

图 2 - 1 为我国工业废气排放的时序变化图。从时序变化特征来看，2000～2011 年，我国工业废气排放量增长较快，2011 年以后，其增长态势有所减弱，呈现出波动增长趋势。从空间分布特征来看，我国各地区的工业废气排放量差异较为明显。具体而言，2000 年我国工业废气排放量最少的三个省（自治区）依次为海南、青海、宁夏；最多的分别是山东、河北、辽宁；2018 年工业废气排放量最少的三个省（市）依次为黑龙江、海南和北京，最多的分别是河北、江苏和山东。由于各地区的经济发展水平有所不同，不同地区的工业废气排放量也存在分异现象。对于经济发展水平较高的地区而言，高质量发展可能是其后期发展的重心所在，因此，这些地区的产业结构在不断优化调整，环境污染防治初显成效，工业废气排放增长速度放缓。

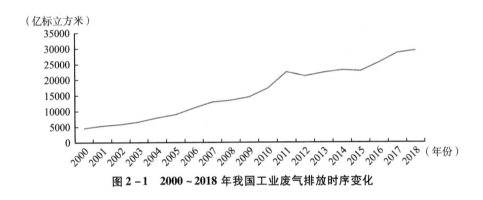

（亿标立方米）

图 2 - 1　2000～2018 年我国工业废气排放时序变化

(二) 我国工业二氧化硫排放分析

图 2 - 2 为我国工业二氧化硫排放量的时序变化图。从时序变化特征来看，2000 年以来我国工业二氧化硫排放量呈倒 "U" 型的特征，即 2006 年以前，我国工业二氧化硫排放量呈现快速增长的态势，2006 年以后，工业二氧化硫排放量呈现出下降态势。从空间分布特征来看，我国各地区的工业二氧化硫排放量差异较为明显。具体而言，2000 年我国工业二氧化硫排放量山东省最大，工业二氧化硫排放量较少的是青海、海南和北京，其中青海排放量最小。到 2018 年，工业二氧化硫排放量较大的是山东、河南和山西，排放量少的是黑龙江、上海和北京，其中黑龙江排放量最小。

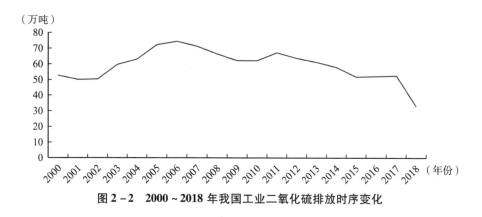

图 2 - 2   2000～2018 年我国工业二氧化硫排放时序变化

（三）我国工业废水排放分析

图 2-3 为我国工业废水排放的时序变化图。从时序变化特征来看，2000 年以来我国工业废水排放量呈倒"U"型的特征，即 2006 年以前，我国工业废水排放量呈现不断增长的趋势，2006 年以后，工业废水排放量呈现出下降趋势。从空间分布特征来看，我国各地区工业废水排放量差异较为明显。具体而言，2000 年我国工业废水排放量最少的是青海，最大的是江苏；与此同时工业废水排放量增长最大的是山东，其 2018 年工业废水排放量比 2000 年增长了 97168 万吨，排放量减少幅度最大的是湖南，其 2018 年排放量比 2000 年排放量少了 79858 万吨。2000 年，辽宁、山东、河南、江苏、浙江、河南、湖南、湖北、广东、四川的工业废水排放量基数较大，其中江苏、浙江以及四川 2000 年工业废水排放量在 30 个省（区、市）中位居前三名；2018 年工业废水排放量居于最高位的分别有福建、广东、江苏、山东、河南。

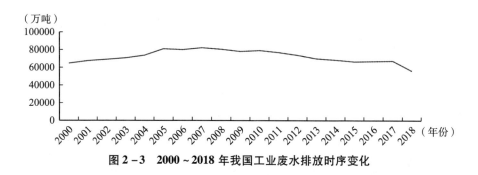

图 2 - 3   2000～2018 年我国工业废水排放时序变化

（四）我国工业烟尘排放分析

图 2-4 为我国工业烟尘排放量的时序变化图。从时序变化特征来看，

2000 年以来我国工业烟尘排放量呈现出波动上升的态势，总体来看，工业烟尘排放量波动较为频繁。从空间分布特征来看，我国各地区工业烟尘排放量差异较为明显。具体而言，2000 年四川的工业烟尘排放量最大，海南最小；2018 年工业烟尘排放量居前三名的分别是河北、山东、山西，排放量最小的分别是北京、海南和天津。

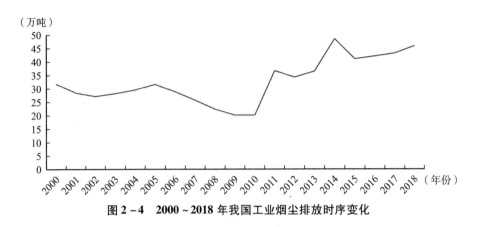

图 2-4　2000～2018 年我国工业烟尘排放时序变化

（五）我国工业粉尘排放分析

图 2-5 为我国工业粉尘排放量的时序变化图。从时序变化特征来看，2000 年以来我国工业粉尘排放量呈现出波动上升的态势，2010 年排放量最小，总体来看，工业粉尘排放量波动较为频繁。从空间分布特征来看，我国各地区工业粉尘排放量差异较为明显。具体而言，2000 年河南工业粉尘排放量最大，海南最小；2018 年工业粉尘排放量居前三名的分别是山西、河北、辽宁，排放量最小的分别是北京、海南和天津。

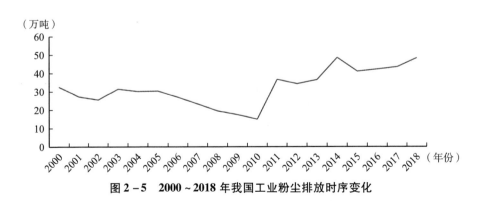

图 2-5　2000～2018 年我国工业粉尘排放时序变化

（六）我国工业固体废弃物产生分析

图 2-6 为我国工业固体废弃物产生量的时序变化图。从时序变化特征来看，2000 年以来我国工业固体废弃物产生量呈现出不断上涨的态势，仅2011~2015 年有微弱的回调态势。从空间分布特征来看，我国各地区的工业固体废弃物产生量差异较为明显。具体而言，2000 年工业固体废弃物产生量最大的分别是山西、辽宁和河北，最小的分别是海南、青海、天津；2018 年工业固体废弃物产生量居前三名的分别是河北、山西、青海，排放量最小的分别是海南、北京和天津。其中，北京 2018 年工业固体废弃物产生量相较于 2000 年减少了 43%，工业固体废弃物污染防治成果显著。

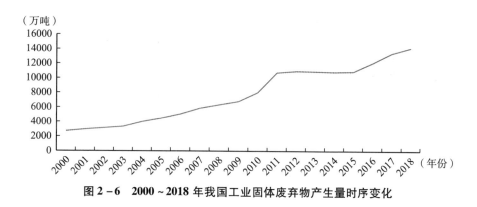

图 2-6　2000~2018 年我国工业固体废弃物产生量时序变化

三、我国环境污染指数测度结果

本书基于我国 30 个省（区、市）2000~2018 年环境污染六个环境污染数据构建环境污染综合指数，从时序变化、空间分布和空间分异三个维度探讨我国各地区环境污染现状。

（一）我国环境污染时序演变特征

从时序变化角度分析 2000~2018 年我国各地区环境污染综合指数变化趋势，图 2-7 报告了我国 30 个地区环境污染指数的时序变化情况。结果显示，我国各地区环境污染指数在短期内波动幅度较大，总体上呈现在波动中下降的趋势，表明环境污染状况明显缓解，环境质量不断改善。

具体来看，2000~2001 年我国环境污染指数有所上升，2001~2006 年我国环境污染指数持续下降。2006~2009 年我国环境污染指数呈上升趋势，此阶段我国工业发展迅速，经济在迅速发展的同时生态环境逐渐恶化。这一时期，环境污染源不断增加，环境质量日益下降。2009～2011年，我国环境污染指数迅速下降，并于 2011 年达到较低值，此时环境污染指数为 0.7094。2011～2017 年，我国环境污染指数变动较为频繁，生态环境状况比较不稳定，但整体变化幅度不大，意味着总体环境质量有所改善，但环境质量的稳定性有待提升。2017～2018 年环境污染指数呈现明显下降趋势，环境质量得到大幅改善，这主要得益于近年来我国不断加快推进生态文明顶层设计和制度体系建设，环境治理力度和环境法治建设得到进一步加强，国内的环境质量持续向好，环境污染综合指数呈下降趋势。

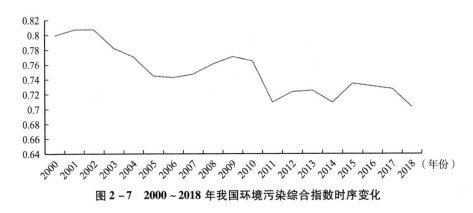

图 2 - 7　2000～2018 年我国环境污染综合指数时序变化

（二）我国环境污染空间分布特征

本部分就我国环境污染空间分布情况进行探讨。综合而言，我国各地区环境污染差异较为明显，相较于 2000 年的环境污染状况而言，2018 年环境质量发生较大改变。具体而言，我国 30 个省（区、市）之间的环境污染水平存在差异，其中，环境污染指数最低值为山东的 0.5819，环境质量较好的包括山东、江苏、河北，环境污染指数最高为青海的 0.9899，北京、宁夏以及新疆的环境污染状况严重。从 2000～2018 年环境污染综合指数来看，随着时间的推移，以及我国环保政策的落实和环境治理的有效实践，2018 年我国各地区环境污染水平与 2000 年相比有所降低，其中，环境污染指数最低的为河北，环境污染指数最高的为北京。

（三）我国环境污染空间分异特征

1. 空间自相关

地理学家托布勒认为，所有事物之间都是相互关联的，且越靠近，联系越为紧密，这被人们称为"地理学第一定律"。空间自相关是检验某地区的数值与相邻其他地区数值在空间上是否有相关性的方法，空间自相关分析被用于环境污染领域中，能够反映出区域环境污染的空间分布特征以及各城市之间的空间自相关性。运用 Stata 软件，通过全局自相关检验和局域自相关检验具体分析我国 30 个省（区、市）环境污染的空间分布特征。

（1）全局空间自相关。

全局空间自相关主要对整体空间区域的分布特征进行分析，判断是否存在空间集聚现象。莫兰指数（Moran's I）是衡量全局空间自相关的常用指标，被用来检验区域整体空间分布情况。莫兰指数的取值区间一般为 [-1, 1]，其绝对值的大小反映相互关联的程度，符号反映关联的方向。当莫兰指数为正数时，表明某地区环境污染在空间分布上具有正相关关系，且莫兰指数数值与 1 越靠近，意味着正相关性越强；当莫兰指数为负数时，表明某地区环境污染在空间分布上具有负相关关系，且莫兰指数数值与 -1 越靠近，意味着负相关性越强；当莫兰指数 =0 时，表明观测值的空间分布不具有空间相关性，即空间布局是随机的。

（2）局域空间自相关。

局域空间自相关能够反映出某一空间单元与其邻近空间单元属性值之间的相互关联程度。根据莫兰指数散点图将研究区域划分为 HL、HH、LH、LL 四种集聚类型。其中，莫兰指数散点图中的第一象限是HH 集聚类型，表示环境污染较高的地区被污染排放较高的其他地区所围绕，即相邻地区间存在正的空间相关性；第二象限属于 LH 集聚类型，表示环境污染较低的地区被污染排放较高的其他地区所围绕，即相邻地区间存在负的空间相关性；第三象限属于 LL 集聚类型，表示环境污染较低的地区被污染排放较低的其他地区所围绕，即相邻地区间存在正的空间相关性；第四象限属于 HL 集聚类型，表示环境污染较高的地区被污染排放较低的其他地区所围绕，即相邻地区间存在负的空间相关性。

2. 空间自相关性分析

（1）全局空间自相关性检验。

为全面分析我国环境污染的实际情况，首先，对我国 30 个省（区、市）的六个基础指标分别进行分析，运用 Stata 软件分别检验我国 2000 ~ 2018 年 30 个省（区、市）的环境污染指数的六个基础指标的空间相关性；其次，对我国 2000～2018 年 30 个省（区、市）环境污染指数进行空间自相关性分析，数据来源于这 30 个省（区、市）2000～2018 年各指标数据。

①我国工业废气排放量莫兰指数趋势分析。从表 2 - 1 可以看出，2000～2018 年我国工业废气排放量莫兰指数值为正，并通过了显著性检验，结果表明，样本期间内我国工业废气排放具有显著的正的空间自相关性，且相邻工业废气排放存在明显的集聚性特征，意味着我国各地区工业废气排放量具有空间同质特征。

表 2 - 1　　　　　　2000～2018 年我国工业废气排放量莫兰指数

年份	莫兰指数	Z
2000	0.194 **	1.865
2001	0.266 ***	2.455
2002	0.233 **	2.17
2003	0.264 ***	2.417
2004	0.229 **	2.149
2005	0.282 ***	2.607
2006	0.269 ***	2.589
2007	0.165 **	1.747
2008	0.253 ***	2.387
2009	0.200 **	2.027
2010	0.213 **	2.115
2011	0.218 **	2.157
2012	0.201 **	1.997
2013	0.176 **	1.845
2014	0.184 **	1.847
2015	0.203 **	2.040
2016	0.196 **	1.983
2017	0.187 **	1.922
2018	0.201 **	2.068

注：*** 、** 、* 分别表示 1%、5% 和 10% 的显著性水平上显著，下同。

从图 2 - 8 可以看出，样本期间内我国工业废气排放量莫兰指数为正，意味着工业废气排放量呈现出明显的空间集聚特征。具体而言，2000 ～ 2008 年工业废气排放量的莫兰指数呈明显波动趋势，波动幅度在 0.165 ～ 0.282，说明在这几年我国工业废气排放正的空间相关性并不稳定。2009 ～ 2018 年工业废气排放量莫兰指数出现先升后降的交替状态，并且在 0.176 ～ 0.218 范围内波动，波动幅度开始趋缓，说明在这几年我国工业废气排放正的空间相关性相对稳定。综合看来，我国 30 个省（区、市）工业废气排放存在正的空间相关性且具有一定的波动性，以 2009 年为分界点，前期正的空间相关性波动频次快，后期波动频次缓慢下降，基本回到 2000 年的水平状态，总体上我国 30 个省（区、市）工业废气排放正的空间相关性变化不大，空间集聚程度变化不大。

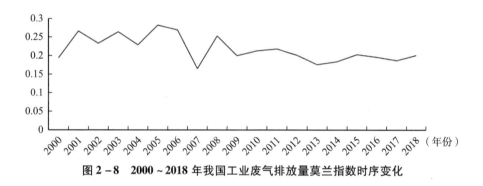

图 2 - 8　2000 ～ 2018 年我国工业废气排放量莫兰指数时序变化

②我国工业烟尘排放量莫兰指数趋势分析。从表 2 - 2 可以看出，样本期间内我国工业烟尘排放量莫兰指数为正，意味着我国 2000 ～ 2018 年工业烟尘排放量呈现出较为显著的正的空间自相关性，且相邻省市工业烟尘排放量存在明显的集聚性特征，表明我国各地区工业烟尘排放量具有空间同质特征。

表 2 - 2　　　　　　　　2000 ～ 2018 年我国工业烟尘排放量莫兰指数

年份	莫兰指数	Z
2000	0.156 *	1.542
2001	0.149 *	1.499
2002	0.138 *	1.417
2003	0.114	1.223

年份	莫兰指数	Z
2004	0.119	1.255
2005	0.221 **	2.086
2006	0.244 **	2.288
2007	0.290 ***	2.657
2008	0.282 ***	2.564
2009	0.259 ***	2.381
2010	0.192 **	1.834
2011	0.243 ***	2.394
2012	0.206 **	2.019
2013	0.172 **	1.755
2014	0.261 ***	2.462
2015	0.307 ***	2.817
2016	0.304 ***	2.793
2017	0.300 ***	2.755
2018	0.289 ***	2.673

从图 2-9 可以看出，我国 2000~2018 年工业烟尘排放量莫兰指数均为正数，基本都通过了显著性检验，并且总体呈上升的趋势，意味着我国 30 个省（区、市）工业烟尘排放量的空间集聚程度在增加。具体而言，2000~2004 年工业烟尘排放的莫兰指数值由 0.156 下降至 0.119，2004~2007 年又持续回升至 0.29，说明在这几年我国工业烟尘排放正的空间相关性在快速增强。2007~2010 年一直下降，之后 2011 年又迅速上升，2011~2013 再次出现下降趋势，这一时期我国工业烟尘排放正的空间相关性在减小，空间集聚程度在减弱。2013~2015 年工业烟尘排放量莫兰指数处于大幅上升趋势，于 2015 年达到最大值 0.307，这一时期工业烟尘排放量莫兰指数变化较大，整体上正的空间相关性在增大。2015~2018 年，工业烟尘排放量莫兰指数虽小幅度下降，但数值仍接近高位。综合来看，我国 30 个省（区、市）工业烟尘排放量存在正的空间相关性，虽具有一定的波动性，但相关性总体在增强。

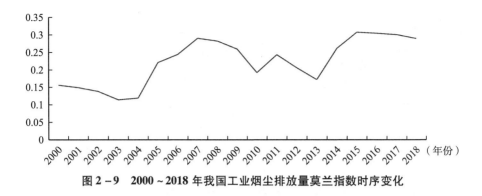

图 2 - 9　2000 ~ 2018 年我国工业烟尘排放量莫兰指数时序变化

③我国工业粉尘排放量莫兰指数趋势分析。从表 2 - 3 可以看出，样本期间内我国工业粉尘排放量莫兰指数为正，意味着我国 2000 ~ 2018 年工业粉尘排放量呈现出较为显著的正的空间自相关性，且相邻省市工业粉尘排放存在明显的集聚性特征，表明我国各地区工业烟尘排放量具有空间同质特征。

表 2 - 3　　　　　　　　2000 ~ 2018 年我国工业粉尘排放量莫兰指数

年份	莫兰指数	Z
2000	0. 132 *	1. 343
2001	0. 171 **	1. 658
2002	0. 195 **	1. 862
2003	0. 212 **	1. 983
2004	0. 166 *	1. 621
2005	0. 180 **	1. 739
2006	0. 173 **	1. 696
2007	0. 187 **	1. 814
2008	0. 153 *	1. 545
2009	0. 123 *	1. 313
2010	0. 126 *	1. 306
2011	0. 243 ***	2. 394
2012	0. 206 **	2. 019
2013	0. 172 **	1. 755
2014	0. 261 ***	2. 462

年份	莫兰指数	Z
2015	0.307 ***	2.817
2016	0.316 ***	2.890
2017	0.324 ***	2.955
2018	0.360 ***	3.233

从图 2 - 10 可以看出，我国 2000~2018 年工业粉尘排放量莫兰指数均为正数，且都能通过显著性检验，意味着样本期间内我国各地区工业粉尘排放量呈现出空间集聚特征，而且，这种空间集聚程度在不断增强。具体分时间段来看，2000~2009 年工业粉尘排放莫兰指数呈上升和下降的交替趋势，此阶段工业粉尘排放的莫兰指数在 0.123~0.212 范围内小幅波动，说明在这几年我国工业粉尘排放正的空间相关性并不稳定。2009~2013 年工业粉尘排放莫兰指数先急剧上升后急剧下降，2013~2018 年工业粉尘排放莫兰指数不断上升，并在 2018 年达到最高值 0.360，说明我国工业粉尘排放量正的空间相关性在增加，空间集聚程度在增强。综合看来，我国 30 个省（区、市）工业粉尘排放量正的空间相关性在增加，空间集聚程度在增强。

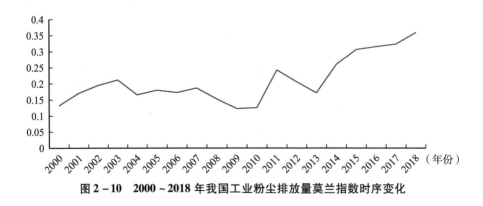

图 2 - 10　2000~2018 年我国工业粉尘排放量莫兰指数时序变化

④我国工业二氧化硫排放量莫兰指数趋势分析。从表 2 - 4 可以看出，2000~2018 年我国工业二氧化硫排放量的莫兰指数为正，但大部分不显著，意味着我国 2000~2018 年工业二氧化硫排放指数不具有较为显著的正的空间自相关性。

表 2 - 4 　　　　　　　　　2000～2018 年我国工业二氧化硫排放量莫兰指数

年份	莫兰指数	Z
2000	0.106	1.146
2001	0.084	0.964
2002	0.072	0.865
2003	0.026	0.487
2004	0.038	0.586
2005	0.058	0.747
2006	0.056	0.729
2007	0.067	0.818
2008	0.050	0.680
2009	0.038	0.583
2010	0.053	0.702
2011	0.148 *	1.479
2012	0.132 *	1.351
2013	0.121	1.262
2014	0.110	1.176
2015	0.092	1.027
2016	0.090	1.013
2017	0.088	0.999
2018	0.160 *	1.597

从图 2 - 11 可以看出，我国 2000～2018 年工业二氧化硫排放莫兰指数均为正数，仅个别年份能通过显著性检验，这意味着我国 30 个省（区、市）工业二氧化硫排放不具有明显的空间集聚现象。具体分时间段来看，2000～2003 年工业二氧化硫排放莫兰指数呈急剧下降趋势。2003～2010 年工业二氧化硫排放莫兰指数呈波动上升态势，2010～2011 年工业二氧化硫排放莫兰指数出现急剧上升态势，而在 2011～2017 年工业二氧化硫排放莫兰指数经历五次下降，降至 0.088。2017～2018 年期间，工业二氧化硫排放莫兰指数陡增至 0.16，达到历史新高。综合来看，我国 30 个省（区、市）工业二氧化硫排放无空间聚集。

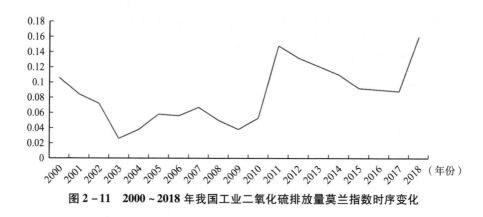

图 2 - 11　2000 ~ 2018 年我国工业二氧化硫排放量莫兰指数时序变化

⑤我国工业废水排放量莫兰指数趋势分析。从表 2 - 5 可以看出，样本期间内我国工业废水排放量莫兰指数为正，意味着我国 2000 ~ 2018 年工业废水排放量呈现出较为显著的正的空间自相关性，且相邻省市工业粉尘排放存在明显的集聚性特征，表明我国各地区工业废水排放量具有空间同质特征。

表 2 - 5　　　　　　　2000 ~ 2018 年我国工业废水排放量莫兰指数

年份	莫兰指数	Z
2000	0. 174 **	1. 713
2001	0. 185 **	1. 934
2002	0. 154 *	1. 614
2003	0. 165 **	1. 663
2004	0. 160 *	1. 621
2005	0. 114	1. 246
2006	0. 132 *	1. 397
2007	0. 160 *	1. 599
2008	0. 164 *	1. 625
2009	0. 217 **	2. 058
2010	0. 216 **	2. 056
2011	0. 266 ***	2. 463
2012	0. 223 **	2. 121
2013	0. 257 ***	2. 406
2014	0. 232 **	2. 193

年份	莫兰指数	Z
2015	0.275 ***	2.561
2016	0.278 ***	2.586
2017	0.280 ***	2.608
2018	0.264 ***	2.472

从图 2 - 12 可以看出，样本期间内，我国工业废水排放量莫兰指数为正，意味着我国各地区的工业废水排放量呈现出空间集聚特征，而且，这种空间集聚程度在不断增加。具体分时间段来看，2000 ~ 2005 年期间，工业废水排放莫兰指数总体呈下降趋势，于 2005 年降至最低的 0.114，说明在这几年我国工业废水排放正的空间相关在不断减弱。2005 ~ 2011 年期间，工业废水排放莫兰指数整体处于上升趋势，说明我国工业废水排放正的空间相关性在增加，这一时期空间集聚程度在增强。2011 ~ 2015 年期间，工业废水排放莫兰指数先下降后上升，再次下降后又有所回升，工业废水排放莫兰指数数值仍处于高位。2015 ~ 2018 年，工业废水排放莫兰指数先于 2017 年达到历史新高 0.280 后降至 0.264，空间集聚程度虽有减弱，但相对而言仍具有高强度的空间相关性。综合来看，我国 30 个省（区、市）工业废水排放存在正的空间相关性且具有一定的波动性，总体上工业废水排放正的空间相关性在增加，空间集聚程度在增强。

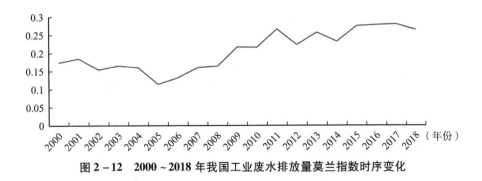

图 2 - 12　2000 ~ 2018 年我国工业废水排放量莫兰指数时序变化

⑥我国工业固体废弃物产生量莫兰指数趋势分析。从表 2 - 6 可以看出，样本期间内我国工业固体废弃物产生量莫兰指数为正，意味着我国 2000 ~ 2018 年工业固体废弃物产生量呈现出较为显著的正的空间自相关

性，且相邻省市工业固体废弃物产生量存在明显的集聚性特征，表明我国各地区工业固体废弃物产生量具有空间同质特征。

表 2 - 6 　　　　　2000～2018 年我国工业固体废弃物产生量莫兰指数

年份	莫兰指数	Z
2000	0.183 **	1.796
2001	0.203 **	1.965
2002	0.205 **	1.968
2003	0.196 **	1.899
2004	0.192 **	2.049
2005	0.245 ***	2.394
2006	0.267 ***	2.465
2007	0.257 ***	2.416
2008	0.270 ***	2.530
2009	0.280 ***	2.630
2010	0.233 ***	2.359
2011	0.244 ***	2.450
2012	0.237 ***	2.397
2013	0.235 ***	2.358
2014	0.274 ***	2.646
2015	0.295 ***	2.741
2016	0.290 ***	2.699
2017	0.283 ***	2.629
2018	0.224 **	2.164

从图 2 - 13 可以看出，样本期间内，我国工业固体废弃物产生量总体呈现空间集聚现象。具体分时间段来看，2000～2004 年工业固体废弃物产生量莫兰指数变化不大。2004～2009 年工业固体废弃物产生量莫兰指数呈加速波动上升状态，说明我国工业固体废弃物产生量正的空间相关性在增加，这一时期空间集聚程度在加速增强。2009～2015 年工业固体废弃物产生量莫兰指数呈现波动趋势，但整体上是上升的。2015～2018 年工业固体废弃物产生量莫兰指数开始出现大幅下降趋势，空间自相关性不断减弱。综合来看，我国 30 个省（区、市）工业固体废物产生量存在正的空间相关性且具有一定的波动性，工业固体废物排放的空间集聚程度变化不大。

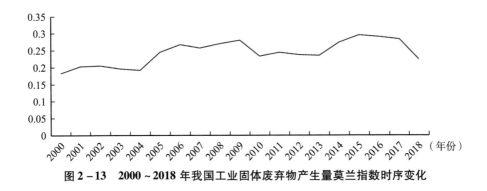

图2－13　2000～2018 年我国工业固体废弃物产生量莫兰指数时序变化

⑦我国环境污染莫兰指数趋势分析。从表 2－7 可以看出，2000～2018 年我国环境污染莫兰指数均为正数，但不同年份的莫兰指数显著性水平大不相同。具体而言，2000～2010 年环境污染的莫兰指数均未通过显著性水平检验，意味着我国的环境污染是随机分布的，并不存在显著的空间依赖性，即某一省份的环境污染对相邻省份的环境并未造成实质影响。但值得注意的是，随着时间的推移，2011～2018 年我国 30 个省（区、市）的环境污染指数开始呈现出较为显著的正的空间自相关性，且相邻省份环境污染存在明显的集聚性特征，可能的原因在于，随着城市间交流的深化，不同省市之间经济发展模式开始逐渐趋同，本省份的环境污染能显著正向影响相邻省份的生态环境。

表 2－7　　　　　　　　　2000～2018 年我国环境污染莫兰指数

年份	莫兰指数	Z
2000	0. 109	1. 152
2001	0. 133	1. 193
2002	0. 098	1. 065
2003	0. 075	0. 880
2004	0. 068	0. 823
2005	0. 067	0. 810
2006	0. 074	0. 874
2007	0. 077	0. 890
2008	0. 084	0. 951
2009	0. 094	1. 029
2010	0. 094	1. 033
2011	0. 170 **	1. 676

年份	莫兰指数	Z
2012	0.142*	1.443
2013	0.135*	1.389
2014	0.170**	1.668
2015	0.197**	1.886
2016	0.203**	1.927
2017	0.207**	1.967
2018	0.254***	2.387

从图 2－14 可以看出，样本期间内，我国环境污染指数总体呈现空间集聚现象。具体分时间段来看，2000～2005 年环境污染莫兰指数先上升、后下降。2005～2011 年，除了 2010 年环境污染莫兰指数略有下降，其余年份均呈现上升态势。2010～2011 年环境污染莫兰指数突然剧增，我国环境污染正的空间相关性开始显现。2011～2013 年环境污染莫兰指数虽略有下降，但数值均位于 0.135 之上，仍具有明显的空间集聚现象。2013～2018 年环境污染莫兰指数呈大幅上行趋势，说明这几年我国环境污染空间正相关性还在不断加强。

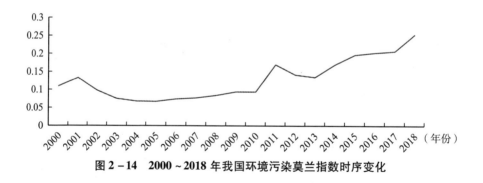

图 2－14　2000～2018 年我国环境污染莫兰指数时序变化

（2）局部空间自相关性检验。

一般而言，全局空间自相关指数虽能判断我国 30 个省（区、市）环境污染在空间上的整体分布情况，但难以描述参考单元与其邻近的空间单元属性特征值之间的空间聚集程度，而局部自相关却可以弥补这一缺憾，因此，本书通过莫兰散点图进一步对我国环境污染局部空间自相关进行研究。鉴于全局莫兰指数显示 2011 年之前空间相关性不显著，现针对 2011～2018 年部分年份的数据进行局部莫兰指数分析。

图 2－15 报告了部分年份我国环境污染综合指数的莫兰散点图。综合而言，大多省份的境污染综合指数莫兰指数位于第一、三象限，意味着我国大部分省份为 H－H 聚集类型和 L－L 聚集类型，即大部分省份环境污染指数在空间上具有正向关系。与此相对应的是，少部分省份属于 H－L 聚集类型和 L－H 聚集类型，即这些省份环境污染指数在空间上具有负向关系。以 2014 年为例，处于第二、四象限的省（区、市）有 9 个，分别为北京、天津、吉林、上海、浙江、广东、海南、四川和新疆。以 2016 年为例，处于第二、四象限的省（市）有 8 个，分别为北京、天津、吉林、上海、浙江、江西、广东和海南。以 2018 年为例，处于第二、四象限的省（区、市）有 9 个，分别为北京、天津、吉林、上海、广东、海南、四川、陕西和新疆。

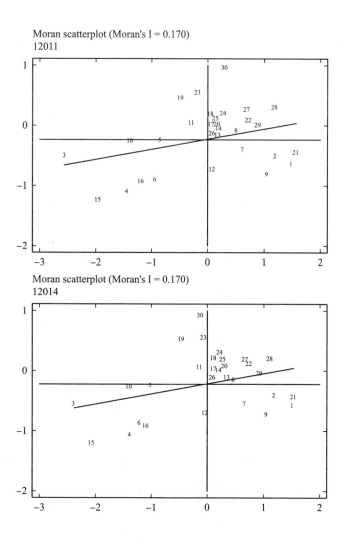

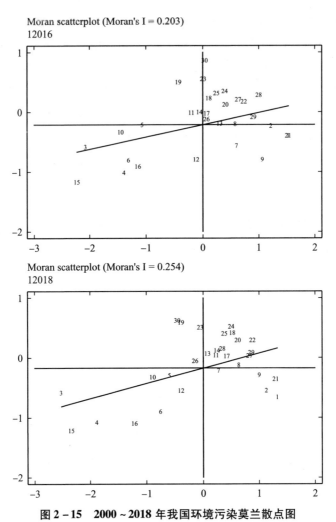

图 2 – 15　2000～2018 年我国环境污染莫兰散点图

第二节　我国环境治理实践与现状分析

　　环境治理指的是在环境科学、社会学、管理学和经济学等理论的基础上，有效利用各种资源，对环境污染产生的原因进行细致探索，对现实中存在的环境污染问题进行有效治理，并预防未形成的环境污染问题，推动人与自然和谐发展。党的十八大以来，中央政府在环境治理领域多次做出顶层设计和战略安排，逐步将生态文明指标加入地方政府绩效考核中，督促地方政府在环境问题上加大治理力度。党的十九大进一步强调推进生态文明建设的重要性，实行最严格的生态环境保护制度。近年来，各项环境治理政策方针落到实处，环境治理投资显著增加，环保立法、环保督查、环保约谈等措施不断完善，环境治理成效显著，其中新安江流域的环境治理以及河长制制度的实施对水环境的治理均是非常具有成效的实践措施，也是比较典型的案例。因此，本节首先主要对这两个案例的实践模式与做法进行详细的分析，总结我国环境治理经验，再针对我国环境治理现状展开分析。

一、我国环境治理实践及经验总结

（一）新安江流域环境治理实践

1. 新安江流域生态补偿机制缘起

新安江发源于安徽黄山休宁县，为钱塘江的正源，是安徽境内的第三大水系，横跨安徽、浙江两省，流域总面积有11000多平方千米，其中在安徽境内为6400多平方千米，占总流域面积一半以上。新安江上游地区包括安徽黄山市大部分地区和宣城市绩溪县部分地区，下游地区在浙江杭州市，其是流经浙江省的最大河流，而下游千岛湖是浙江水源的主要来源，这意味着新安江水质的好坏对浙江杭州市的居民用水、城市用水安全具有重要影响。上游地区大多为山丘和丘陵地势，在安徽省的悉心保护建设下，该地区植被覆盖率持续保持在75%以上，不仅提供了优质的水资源，而且为下游的千岛湖景区及杭州市的经济发展建设打下了水源基础。但随着城市化进程不断加快，工业及城市建设用地扩张，上游城市黄山游客增多等因素造成新安江流域工业污染、生活污染呈上升趋势。为解决新安江流域较为突出的生态环境问题，关于新安江流域的污染防治工作一直在不断探索中。虽然上游地区杭州淳安县对千岛湖的水环境保护早已采取措施并取得一定成效，但整个区域的水环境保护工作不仅需要上游地区的努力，而且需要下游地区的齐力合作，因此，中央将新安江流域作为全国首个跨省流域的生态补偿机制的先行探索地，希望从源头控制污染，走互利共赢之路，避免先污染后治理。

2. 新安江流域环境治理实践与成效

（1）新安江流域环境治理实践模式。

自2004年全国人大委员对新安江流域环境保护与污染防治等开展调研工作开始，关于新安江流域的水环境保护工作已经在酝酿中，2010年财政部拨付5000万元补偿资金，2011年中央下发《新安江流域水环境补偿试点实施方案》，2012年安徽、浙江两省签订《新安江流域水环境补偿协议》，意味着新安江流域生态补偿试点正式开启。首轮试点为2012～2014

年，补偿金额每年 5 亿元，其中中央每年出资 3 亿元，安徽和浙江每年各出资 1 亿元。补偿金的主体和受体是浙江和安徽，中央资金的补助受体是安徽，用于新安江流域水环境保护的相关工作。浙江和安徽的出资根据跨省断面水质情况来决定补偿受体。两省的环保人员会定期赴两省交界处采集水质样本进行检测，计算补偿指数 P，依据 P 值大小，决定资金补偿受体，体现出污染惩罚和生态补偿模式，若 P 值小于或等于 1，由浙江省出资的 1 亿元要交付给安徽；相反，若 P 值大于 1 或者新安江流域安徽区域存在重大污染情况，则安徽出资的 1 亿元要交付给浙江。为进一步巩固试点成效，2015 年中央印发《关于明确新安江流域上下游横向补偿试点接续支持政策并下达 2015 年试点补助资金的通知》，意味着 2015～2017 年第二轮试点工作的开始，与首轮试点不同的是，这次试点补助资金提高到 21 亿元，其中，中央资金共 9 亿元，按 4 亿元、3 亿元、2 亿元逐年拨付，安徽和浙江两省每年 2 亿元、多投入的 1 亿元均作为黄山市垃圾和污水处理。而且考核水质的系数标准也相应提高，另外补偿资金也有所调整，在首轮试点的基础上，当 P 值小于或等于 0.95，浙江须多补偿 1 亿元给安徽省。

（2）新安江流域环境治理成效。

新安江流域的生态补偿政策效果显著。首先是转变发展政绩理念，自 2011 年开始，安徽省率先改变了原来的目标考核机制，将以生态补偿模式的新安江流域综合治理作为生态强省的一个重要起点，把黄山单独作为四类地区，不再将 GDP 作为主要目标考核，而是将生态环保、现代服务业的考核比重加大，这改变了以往重经济发展速度的考核偏向，更能够促进黄山市对环保的投入，加大环境治理力度。另外，黄山市还制定了关于领导分工负责的《新安江流域综合治理考核办法》，促进了新安江流域的环境治理工作。其次是促进了经济和环境的双赢，在保持经济总体水平较高的情况下，新安江流域的环境保护工作取得了较好的效果，黄山市严格把控企业准入原则，淘汰产能落后企业，大力推进茶叶、果树等种植生态化，还利用丰富的水源积极引进一批六股尖山泉水项目，大力发展生态旅游、绿色食品等主导产业，推动产业转型升级，促使主要工业污染物排放量下降。另外，自试点实施以来，黄山市创建垃圾兑换超市，建立较完善的垃圾回收处理体系，搭建群众的监督评价平台，也完善了较均等的公共就业体系，解决了群众就业困难问题，使新安江流域环境治理试点工作深入人心，人们的环保意识也在不断增强。新安江流域的环境治理工作，解决了群众关注的焦点问题，如生活垃圾的乱丢、乱扔等，群众对地方政府实施的新安江流域的综合治理工作表示非常满意。

3. 新安江流域环境治理实践做法

（1）建立健全规章制度。

在各级政府部门的组织协调推动下，新安江上下游建立了有效的互访协商机制，统筹推进全流域的联防联治，齐心协力解决好所面临的各种问题。新安江上下游地区之间建立了联合监测、联合执法、应急联动、流域沿线污染企业联合执法等机制，为促进两省经济和环境的双赢而合作。截至 2016 年底，安徽、浙江两省共对两省界断面开展了 60 次联合监测，并且监测结果得到双方一致认可。除了建立协商机制，安徽、浙江两省还就新安江流域综合治理工作先后出台了 30 多个文件，例如：《安徽省新安江流域水资源与生态环境保护综合实施方案》《浙江千岛湖及新安江流域水资源与生态环境保护项目》《党政领导干部生态环境损害责任追究实施办法》等，为新安江的生态保护工作提出了刚性要求，上下游地区水环境保护制度也日趋完善。

（2）强化目标考核机制。

黄山市委、市政府为强化目标考核，成立了专门的机构组织，如：新安江流域综合治理领导小组和生态补偿机制试点工作领导小组，这些组织的负责人都由市委、市政府的主要领导来担任，统筹推进生态文明建设和新安江流域综合治理。同时，为了更好地促进新安江流域生态环境保护工作的进行，黄山市委、市政府还专门成立了新安江流域生态建设保护局，在管理方式上有所创新，与水利、环保等部门建立相互协调的运作机制。另外，为加强目标考核，还制定了《新安江流域综合治理考核办法》，要求相关部门责任人严格按照文件执行，细化任务，落实责任，并且围绕新安江流域的监督检查、区县交界断面水质考核、日常管理等内容开展各项工作。

（3）全力推进项目实施。

为推动新安江流域的环境保护试点工作，黄山市委、市政府投入资金 120.6 亿元，加大环境治理与整理力度。为了保障试点项目的顺利实施，除中央拨付试点资金外，黄山市政府也多方筹措资金，积极鼓励和引进企业加入生态保护建设中，另外，安徽省委、省政府也下发通知，要求试点资金必须有明细的使用方案，严格推进资金跟随项目、资金落实到位情况。同时，黄山市也以新安江水环境补偿试点工作为契机，开展了新安江综合治理工作，推动防洪保安、产业结构调整、生态保护等顺利进行，推进旅游、生态、文化的融合发展模式，带来了经济、社会及生态效益，促进了经济社会的可持续性发展。

（4）搭建信息沟通平台。

黄山市为保障信息公开化，充分发挥黄山市政府信息公开网站中新安江保护专栏信息平台以及微信 APP 公众号等的作用，及时地公开试点工作情况，并专门设置区域征集新安江流域生态保护的相关意见，对群众的留言和观点，认真做好记录、督查督办工作，确保及时解决群众关注的焦点问题。同时，还设立了试点项目的公示牌，公开项目的进展情况、建设内容、责任单位等内容，使试点各项工作透明化。另外，开展了新安江流域生态补偿试点和综合治理宣传月，组织百名志愿者开展文明劝导、农民科普培训、学校环保教育主题宣传等各种形式的宣传活动。

（二）"河长制"环境治理实践

1. 河长制的起源与发展

2003 年，浙江长兴是全国首个试行河长制的地区，其对全县的河流进行河长的管理模式，使长兴的水环境治理取得显著成效。2007 年，因水体富营养化，太湖流域蓝藻大规模疯狂爆发，导致太湖流域的水质受到严重污染，甚至造成无锡市自来水的异味（自来水主要取自太湖流域），致使无锡市几百万人民群众的生活用水安全受到威胁。面对如此严重的水资源危机，同时为解决人民群众当下关注的焦点问题，无锡市开始探索实行河长制，将各级各区的主要负责人作为主要河道的河长，全力负责河道的水污染防治等工作，同时无锡市委、市政府下发《无锡市河（湖库、荡、仇）断面水质控制目标及考核办法（试行）》，要求定期对河流的水质进行检测，检测结果纳入各级各区主要负责人的绩效考核中。在市委、市政府的层层责任高压及各级领导的监督下，太湖流域的水污染治理工作得到有效落实，并取得显著成效。随后，淮安、镇江等城市纷纷效仿无锡的水污染治理的做法，接着，我国部分省市也开始逐步实施河长制或湖长制，河长制呈现出扩张的态势。为完善水系治理工作，强化责任监督体系，解决水资源污染问题，2016 年底，中共中央印发《关于全面推行河长制的意见》，明确要求在属地河湖管理工作中要实行河长负责制，并且要以水资源保护、水资源防治、修复水生态为主要抓手，着力推行河长制，得到各地政府的积极响应。自此，河长制以立法的形式得到推广。

2. 河长制环境治理成效

河长制的实施给我国各地区的河湖治理带来显著的效果。首先，这项制度使地方政府对河湖的基本情况有了更具体地了解，有利于针对性地对各属地的河湖制定细化的管理办法、维护方式和措施。一方面由于严厉的问责机制，各级各区的河长需要对辖区内的河道进行管理，其前提就是需要对相应的河道有充分的了解；另一方面是关于"一河一策"政策的制定，需要将河道的水质情况、河岸情况及自然状况等作为制定政策的基础，保证政策的科学严谨性，就此，各级各区的主要负责人需要亲自到辖区内的河道进行走访，对河道的大致情况了然于心，加深对河湖管理的认识。其次，改善了河湖的水质情况，提升了人居生活环境，许多地区对河湖采取了相应的治理措施，例如，水中清淤、岸边农业与畜牧业整改及工业污染和生活垃圾的处理，不仅使河湖得到相应的治理，而且使人们的生活环境得到改善。再次，形成了部门间的通力合作，加快了整治力度。这主要是基于河长制领导小组、河长制办公室等具体部门的设立，使原先松散的集体转变成有明确分工的组织体系，推动环境治理工作进度加快。例如长兴县河长制办公室制定的《长兴县全面河长制工作方案》，明确了发改委、环保局、林业局等30个部门各自的详细工作任务，并要求这些部门在河道管理中承担各自的职责，促进了河湖管理进度。最后，使公众对环境污染问题更加关注，养成爱护环境的习惯。一方面，在河长制的推行中，通过政府信息网站、电视、微信、微博等媒体，向公众宣传环境保护的重要性及环境污染的危害；另一方面，在河湖治理中，积极鼓励公众参与水环境的治理与维护，营造了良好的氛围，也降低了河道管理的成本。

3. 河长制环境治理实践做法

（1）建立健全制度体系。

实施河长制的各级地方政府均建立了一系列的工作制度，在一河一策、部门联动等机制的基础上，有些地区还创新工作制度，充分实现用制度管事、管人的决策。例如，浙江省建立了河长巡查制度，市级、县级、乡级和村级按月、半月、旬、周进行相应的巡查，还建立了重点项目协调推进制度、约谈制度等，为工作任务的完成提供了强有力的保障。江苏省设立了省级河长会议制度、报送制度，并且凭借省管湖泊联席会议制度平台为河道管理机制的长效运作奠定了坚实的基础。另外，完善了相应的法律法规，例如《浙江省河长制规定》《安徽省全面推行河长制工作方案》等。

（2）强化监督考核体系。

实施河长制的各地区不仅有较为完善的监督机制，而且有严格的考核体系，使河长制工作得到有效推进。例如，浙江省设立了30个监督组，定期赴各地明察暗访，严格督促河长工作落实情况，并且将河长制落实情况纳入信息化监管平台，接受公众、部门监管，此外，河长制落实情况也作为各级"五水共治"和生态强省建设工作的考核内容，下发了《2017年度浙江省"五水共治"工作考核评价指标体系及评分细则》，考核结果作为各级领导政绩考核的重要依据，推动各级领导严格落实责任，对于考核不合格的河长，通常采取约谈和通报批评等方式促进整改，如因失职渎职造成水环境污染的反弹和加重，追究河长相应的法律责任。

（3）保障资金投入。

实施河长制的各地区在水环境治理、水生态修复等方面投入了大量资金，对于资金的使用积累了丰富经验。例如，江苏无锡建立了财政投入机制，加大了财政投入力度，积极鼓励吸引企业和社会资金投入，保障了河湖管理和河长制工作经费的落实。浙江建立了生态补偿机制，并且建立了严格的资金使用条例，资金分配、资金使用都有明确的去向，为河长制工作的高效运行提供了保障。

（4）搭建信息平台。

实施河长制的各地区都比较注重河长制信息化管理平台的建设，实现河长制工作即时通信、监督考核评价、责任落实督办等智能化管理。例如江苏省盐城市的信息管理平台是集环保、农委等各部门基础信息、监测数据和监控视频等信息，以及巡河管理、监督考核等于一体的大平台，并且平台连接移动 App 端、微博等媒体，供给各级领导、社会公众查询、监督。浙江省也实现了各类 App 和河长制信息平台的全覆盖，建立信息查询、信访举报、公众参与等多功能的平台，各级领导、河长及公众对平台相关内容都可进行浏览、监督。

（三）我国环境治理经验总结

太湖流域河长制的实施和新安江流域生态补偿的推广是我国开展流域环境治理较早的区域，既有成功经验，也有进一步优化完善之处，本部分重点总结太湖流域河长制和新安江流域生态补偿的主要经验做法。

1. 加强立法，完善法律体系

基于严重的污染现状及产生的不良后果，政府需要及时思考怎样解决问题，如何开展工作使污染得到控制。立法先行，较完善的法律体系是环境治理工作有效实施的有力保障，也是人们开展工作的强有力依据，能加快环境治理工作的有效开展。新安江流域水质的污染防治工作任重道远，国家将其作为全国首个跨省流域的生态补偿机制的先行探索地，颁布了《新安江流域水环境补偿试点实施方案》，进行生态补偿试点工作，成效显著；为应对江苏太湖蓝藻事件，推行河长制制度，中央也下发了《关于全面推行河长制的意见》，河长制这一创新制度在全国得到广泛内推广应用。

2. 明确职责，形成工作合力

在环境治理过程中，要明确各部门职责，每项工作任务都要有明确的责任主体，在具体实施中加强领导组织，层层压实责任，才能推动工作的有序开展、落实到位。此外，环境治理中还需要形成多部门、多层级的联动机制，地方政府需要积极引导不同部门形成通力合作，包括横向和纵向的合作，加强协商交流、协同治理，共同解决面临的污染问题，遇到矛盾要及时沟通调整，理顺合作关系。

3. 加强管制，严格监督标准

在环境治理领域，需要发挥环境监察部门的主观能动性，不能被动地等污染后再治理，要建立严格的监督体系，制定严格的排污标准，控制好排污企业的准入门槛，定期对排污企业进行检察，若存在不达标情况，责令其停改，对环境造成威胁的企业，应引导、帮助其转变发展方式和经营模式，使绿色可持续发展深入人心。另外，调整绩效考核标准，将生态环境指标纳入考核体系，避免唯 GDP 的发展理念，这也促使各级地方领导将生态环境问题放在与经济发展同等重要的位置，进而使环境治理工作开展更顺利。

4. 信息公开，鼓励公民参与

在环境治理过程中，地方政府通过建立相应的平台来充分调动公众的积极性，维护公众监督的权利和畅通公众反馈问题的途径。例如，在新安江流域以及太湖流域环境水污染治理过程中，地方政府就搭建了新安江保护专栏、全省河长制信息平台及微信公众号等一系列平台，加大了信息的公开力度，使信息公开透明化，也使公众参与治理的权利得到保障，提高了公众对地方政府环境治理工作的满意度，更愿意参与环境治理。

二、我国环境治理现状分析

（一）环境治理评价指标体系构建

在我国的环境治理体系中，政府、企业和公众对环境治理的影响不尽相同，但对一个区域的环境治理而言，环境治理的外部性导致的市场失灵，使地方政府在环境治理中起主导和核心作用。地方政府对环境治理主要体现在投入和监管两个方面，而环境监管力度无论是采用污染排放量还是排污收费等单一指标都很难体现环境污染的综合性，因此结合现有文献，本小节参考李正升（2015）的研究，通过人均环境治理投资额来测算环境治理水平。

（二）数据说明

本节主要是对我国 30 个省（区、市）2003～2018 年环境治理水平测度进行分析，由于大部分省份 2018 年环境治理投资总额数据缺失，故采用年均增长率的方法将缺失值予以补齐，环境治理投资数据来源于 2004～2019 年的《中国环境统计年鉴》《中国环境年鉴》，年底总人口（常住人口）来源于 EPS 数据库。

（三）我国环境治理测度结果分析

1. 环境治理的时间趋势分析

此处通过时间维度来分析我国环境治理现状，为了更客观全面地描述环境治理情况，这里对我国 30 个省（区、市）环境治理指数的均值进行测算分析。

图 2-16 报告了我国 30 个省（区、市）2003～2018 年环境治理的时序变化，从中可以看出，我国的环境治理水平呈现持续上升的态势，总体治理效果极佳。具体而言，2003～2006 年环境治理水平一直处于缓慢上升状态，说明这几年开始进行环境污染治理，中央和地方政府颁布了一些政策法规，成效较好，说明在中央政府的推动下，地方监管部门也开始发力，加强监管力度，相关企业也注重环境污染情况，加大环境治理投入，强化环境的治理力度和治理措施，但也存在一些企业仍坚持自身利益至上的情况，环境治理投入相应会较少，从而导致整体的环境治理水平虽有所提升但比较慢；2006～2009 年，我国的环境治理水平继续提升，而后 2009～2014 年环境治理指数出现大幅上升，并且在 2014 年达到第一个峰值，这段时间内我国出台了"十一五"和"十二五"两个五年计划，如《国务院印发关于国家环境保护"十二五"规划的通知》，奠定了坚持预防为主、综合治理，强化从源头防治污染和保护生态，坚决改变先污染后治理、边治理边污染的环境保护总基调，全国的环境治理水平提高到了前所未有的高度。2014～2018 年，我国区域的环境治理水平呈现波动上升的过程，此阶段，我国以往粗放型发展方式带来的环境污染弊病日益显著，中央政府不断强调环境治理、环境质量的重要性，并将绿色发展作为评价经济高质量发展的重要指标，但是鉴于各地区经济发展水平不一致，经济发展水平低的地方政府对环境治理投资力度会受到限制，从而导致我国整体环境治理水平有所波动。总的来说，我国的环境治理水平呈不断上升的局面，政府应当持续加大环境治理力度，加大环境治理投资水平，使环境治理水平不断提高。

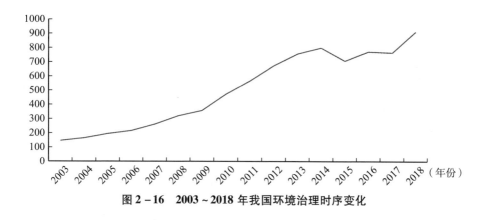

图 2 - 16　2003 ~ 2018 年我国环境治理时序变化

2. 我国环境治理空间分布特征

我国环境治理水平存在明显的差异，并且 2018 年的环境治理水平与 2003 年相比有很大提升。

2003 年我国各地区的环境治理水平存在明显差异，其中，环境治理水平最低的区域是西部（西藏因缺乏数据除外）和中部，最高的区域为东南地区。样本期间内，我国环境治理水平总体来说不高，大部分省份处于较低的环境治理水平上，仅有几个地区的环境治理水平较高，如天津、上海、北京和浙江等。2018 年我国中部地区的安徽、河南、湖北、江西和西部地区的陕西、宁夏、重庆、贵州、青海环境治理力度提升明显，均位于环境治理水平的第二梯度。此外，内蒙古的环境治理水平也处于高位，这一阶段我国的环境治理水平相对于 2003 年有大幅提升。综合 2003 年和 2018 年环境治理空间分布情况可以得出，中部和西部的低环境治理水平城市逐渐减少，我国大部分地区的环境治理水平有所提高，不同区域间的环境治理水平的空间差异程度在逐渐缓和。

3. 我国环境治理的空间分异研究

（1）全局空间自相关分。

运用 Stata 软件检验我国 2003 ~ 2018 年 30 个省（区、市）环境治理指数的空间自相关性，莫兰指数测算结果如表 2 - 8 所示。从表 2 - 8 可以看出，我国 2003 ~ 2018 年的环境治理的莫兰指数大部分为正数且能通过显著性水平检验，这意味着我国 2003 ~ 2018 年环境治理呈现出较为显著的正的空间自相关性，且相邻省市环境治理存在明显的集聚性特征，表明在研究区间内该空间单元周围相似值相互邻近，呈现空间同质现象。具体而言，2003 ~ 2009 年环境治理的莫兰指数均通过 1% 的显著性水平检验，此阶段的环境治理的空间聚集特征最强。但是，2010 年的莫兰指数未通过显著性检验，这一年我国环境治理指数不具有典型的空间自相关，高强度的环境治理地区和高强度的环境治理地区之间的空间相关性并不是因为相邻或距离远近而存在的，环境治理的随机分布可能性较大。2011～2015年环境治理的莫兰指数又显著为正，2016～2018年莫兰指数不再显著且为负值，说明我国环境治理的空间聚集性在减弱。但总体而言，我国的环境治理呈现出较为显著的正的空间自相关性。

表2-8　　　　　　　　　2003～2018年我国环境治理莫兰指数

年份	莫兰指数	Z
2003	0.395 ***	3.620
2004	0.410 ***	3.640
2005	0.466 ***	4.270
2006	0.263 ***	2.960
2007	0.346 ***	3.587
2008	0.380 ***	3.470
2009	0.402 ***	3.774
2010	0.065	0.839
2011	0.312 ***	2.913
2012	0.250 ***	2.378
2013	0.266 ***	2.559
2014	0.242 **	2.419
2015	0.085 **	1.034
2016	− 0.025	0.092
2017	− 0.049	− 0.143
2018	− 0.060	− 0.259

从图2-17可以看出，我国2003～2018年环境治理莫兰指数变动幅度较大，具有很强的波动性。具体分时间段来看，2003～2005年环境治理的莫兰指数呈上升趋势；2005～2016年环境治理的莫兰指数由0.466下降至0.263，空间相关性在减弱；2006～2009年环境污染莫兰指数不断增加至0.420；但2009～2010年，环境治理的莫兰指数急剧下降，此阶段我国的环境治理空间相关性已经消失。然而，2010～2011年环境污染莫兰指数又开始上升，而后在2011～2018年莫兰指数呈波动下降趋势，说明这几

年我国环境治理的空间正相关性随着时间的推移在不断减小。综合来看，我国 30 个省（区、市）环境治理的莫兰指数波动性极大。

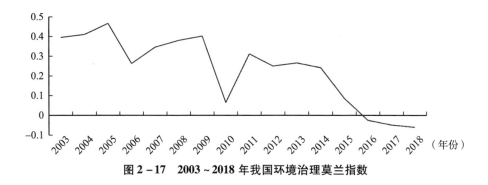

图 2 - 17　2003～2018 年我国环境治理莫兰指数

（2）局部空间自相关性检验。

图 2 - 18 为我国部分年份环境治理指数的莫兰散点图。具体看来，以 2003 年为例，处于第二、四象限的省（自治区）有 11 个，分别为河北、内蒙古、辽宁、吉林、安徽、福建、山东、海南、甘肃、宁夏和新疆，呈现显著正相关集聚特征城市所占比例为 63.33%。以 2008 年为例，山东、福建、河北、黑龙江、江西、安徽、吉林、内蒙古、山西、甘肃和宁夏等省份环境治理莫兰指数位于第二、四象限，呈现显著正相关集聚特征城市所占比例为 63.33%。以 2013 年为例，内蒙古、河北、浙江、吉林、山东、甘肃、安徽、青海、陕西和新疆等省份环境治理莫兰指数位于第二、四象限，呈现显著正相关集聚特征城市所占比例为 66.67%。值得注意的是，2018 年我国环境治理指数主要呈随机分布，并无显著的空间聚集性。

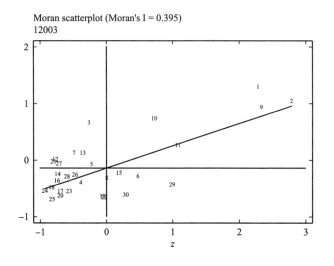

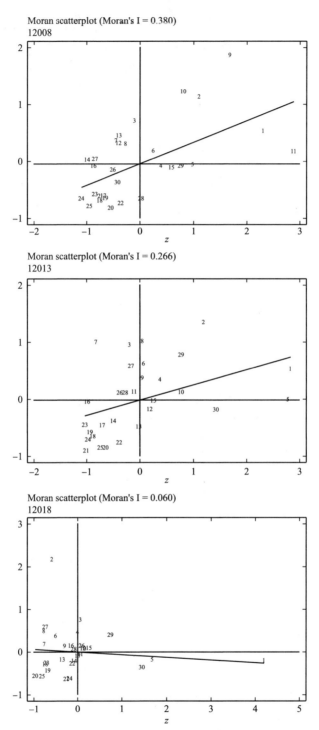

图 2 - 18　2003 ~ 2018 年我国环境治理莫兰散点图

第三节　我国环境治理困境阐释

环境治理涉及多方利益主体，主体间复杂的利益关系（包含政治利益、经济利益和寻租利益等）容易引起各个方面的冲突和矛盾，这就导致环境治理陷入困境，治理难度加大，事实上，此困境主要源于环境中相关主体多样性的因素，其中包括以社会福利最大化为目标制定政策的中央政府、以地方利益最大化为目标执行政策的地方政府以及以追求相对利益最大化的企业和公众，他们在环境治理过程中会基于不同的制度、利益等原因遵从不同的行为逻辑和选择。此外，相关主体行为逻辑的相互作用也会产生一定的影响。因此，我们在讨论地方政府环境治理的问题时，有必要将地方政府与各主体结合起来综合分析治理困境，以便得到行之有效的解决之道（袁华萍，2016）。

一、中央与地方政府间环境治理博弈困境分析

自20世纪90年代实行分税制改革以来，中央赋予地方政府一定的经济自主权，中央和地方政府形成了一种委托代理关系，但中央和地方政府各自追求的目标不同，也会遵从不同的行为准则，从而产生环境污染治理的博弈，本小节首先分析中央和地方政府在环境治理上的行为逻辑，然后再通过博弈模型分析两者的行为。

（一）中央和地方政府间环境治理的行为逻辑分析

在环境污染治理这个问题上，中央和地方政府的目标利益不一致，也存在着不同的行为倾向。中央政府基于全局利益考虑，致力于改善整个社会的环境问题，以达到经济社会、资源、环境的协调发展，但在目前财政分权体制下的地方政府，其主要的目标是追求短期的经济发展，在环境污染治理上以地方短期利益最大化为行为准则，致使环境治理陷入困境中（马万里，2015）。实际上，环境政策的制定是中央政府内部各部门共同商议决定的，其包含有利益的冲突和妥协，也会因利益等因素向地方政府下达不同的任务，地方政府则会采取不同的应对措施，这就出现了环境治理上政策强度的上下波动趋势，而且中央政府也会存在自身追求环境保护的公利与开采自然资源的私利的冲突，会导致地方政府效仿中央政府的做法，在具体的环境政策的执行中出现环保目标的下调。而作为具体执行环境政策的地方政府，在压力型体制下，必然会执行中央制定的环境政策，

但也会从自身经济发展和中央政府内部的各种矛盾出发，权衡各种利益后灵活地执行环境政策，这就可能出现地方政府短期内执行环境政策使污染得到控制，但长期环境污染问题并没有得到解决（袁华萍，2016）。另外，绩效考核主要还是 GDP 考核，虽然近年来环保指标已纳入考核体系，但可行性不够，其不具普遍性，这就导致地方政府主要还是以当地的经济发展为主要目标，对环境问题的重视程度不够，环境污染治理力度不大。此外，中央和地方政府存在信息不对称问题，在环境污染治理上，地方政府可能一方面会利用自身优势在中央政府取得相应的补贴和优惠政策，另一方面消极执行环境政策或者采取"不作为"等策略，如放松污染企业管制、降低环保投入等。

（二）中央与地方政府间环境治理的博弈分析

为系统分析中央和地方政府在环境治理上的不同选择，参考马万里等（2015）学者的建模文章，在地方政府具有较高的环境治理意愿情况下，其环境治理效用水平用 V_1 表示，中央政府的效用水平用 U_1 表示；在地方政府具有较低的环境治理意愿情况下，其环境治理效用水平用 V_2 表示，中央政府的效用水平用 U_2 表示；基于地方政府若严格执行环境政策必然会牺牲经济发展，故 $V_1 < V_2$；与此相反，中央政府更加关注的是社会的环境治理问题，地方政府积极治理环境，其效用更大，故 $U_1 > U_2$。近几年将环境治理指标纳入考核体系中，假设中央政府对地方政府环境治理进行监管的成本为 C；如果地方政府环境治理意愿不强，处罚为 G，且 $G > C$（如果 $G > C$，那么中央政府的效用水平在监管下更小，中央政府会选择不进行监管，这也是导致地方政府降低环境治理意愿的原因）。

如果中央政府对地方政府环境治理进行监管的概率如果为 q，那么，不监管时则为（$1-q$）；地方政府选择治理环境污染的概率为 p，不治理的概率则为（$1-p$）。表 2-9 是中央和地方政府环境治理的策略博弈矩阵。

表 2-9　　　　　　　　中央和地方政府环境治理的策略博弈

		中央政府	
		监管	不监管
中央政府	监管	（$U_1 - C$, V_1）	（$U_2 - C - G$, $V_2 - G$）
	不监管	（U_1, V_1）	（U_2, V_2）

此时地方政府的期望效用函数为：

$$EU_{地方} = qpV_1 + q(1-p)(V_2 - G) + (1-q)pV_1 + (1-q)(1-p)V_2$$
$$= p[qG - (V_2 - V_1)] + V_2 - qG \tag{2-9}$$

当 p 既定时，q 有以下三种最优解情况：当 $qG - (V_2 - V_1) > 0$ 时 $p = 1$；当 $qG - (V_2 - V_1) = 0$ 时 p 可在 $[0, 1]$ 内取任意值；当 $qG - (V_2 - V_1) < 0$ 时，$p = 0$。同理，中央的期望效用函数为：

$$EU_{中央} = qp(U_1 - C) + q(1-p)(U_2 - C + G) + (1-q)pU_1 + (1-p)(1-q)U_2$$
$$= qp(G - C - pG) + pU_2 + U_1 - pU_1 \tag{2-10}$$

当 p 确定时，q 也分三种情况：当 $G - C - pG > 0$ 时，$q = 1$；当 $G - C - qG = 0$ 时 q 可在 $[0, 1]$ 内取任意值；当 $G - C - pG < 0$ 时，$q = 0$。

此时得到了混合策略纳什均衡最优解的值为 $\left(\dfrac{G-C}{G}, \dfrac{V_2 - V_1}{G}\right)$。

从上述分析可看出：如果中央政府不严格执行监管，这将导致地方政府环境治理意愿不够强烈，也就是说在 G 很小的情况下，地方政府环境治理的意愿减弱（或者说概率 p 值降低）；与此相对应的是，如果中央政府加强对地方政府环境治理进行监管，那么，地方政府进行环境治理的意愿将更为强烈。所以地方政府环境治理行为很大程度上取决于中央政府。

由此可见，地方政府环境治理的选择与中央政府的监管程度有关，一旦中央政府措施不严或者有所松懈，地方政府就会忽视环境问题，减少环境治理或者直接选择不治理，导致环境污染更严重。

二、地方政府间环境治理的博弈困境分析

地方政府间环境治理的博弈主要是基于经济人理性的选择，遵从自身的利益考量，地方政府在环境治理投资、监管以及跨界治理上都存在不同的行为选择，本小节首先分析地方政府之间在环境治理上的行为逻辑，再从监管、投资及跨界治理等方面构建博弈模型分析地方政府之间的行为。

（一）地方政府间环境治理的行为逻辑分析

地方政府之间在环境治理上，通常为了吸引资本、劳动力等资源而展开横向竞争，在经济锦标赛下，更直接地表现为地方官员为政治晋升展开博弈。当前，我国地方官员的晋升考核体系以 GDP 作为主要的考核指标，地方政府在环境治理上会采取不同的行为选择。此外，由于环境污染和环境治理的外部性特征，地方政府在政绩考核下，更多的是选择在房地产、基础设施等短期可见效的生产性项目上进行投资，而环境治理支出属于一项非生产性支出，地方政府的投资相对较少，或者避免在此类项

目上投资。正是因为环境治理的正向外溢效应，基于理性经济人的地方政府在环境治理上会采取"搭便车"的投机行为，致使污染严重的地区陷入财政困境，整个社会的环境质量较差，除此之外，地方政府也会陷入要不要跨界治理或者是否要合作治理的困境中。

（二）地方政府间环境治理的博弈分析

参考马万里等（2015）和袁华萍（2016）的研究，通过三个博弈模型对地方政府间在环境治理上的行为进行分析。

1. 地方政府间环境治理的监管博弈

中央政府制定较为严格的环境治理要求，加强对地府政府环境治理的监管，但地方政府可能会由于优先考虑当地的经济发展或者官员的晋升而不一定执行环境政策，在环境监管上可能缺乏行动力，特别是在中央以标尺竞争模式来衡量两个地区的经济发展状况从而来决定地区官员晋升的情况下，更加剧了地方政府偏重经济发展。表 2 – 10 是两个地方政府间在环境监管上的博弈矩阵。

表 2 – 10　　　　　　　　　　地方政府间环境监管困境

		地方政府 I	
		监管	不监管
地方政府 J	监管	（4，4）	（－1，5）
	不监管	（5，－1）	（3，3）

假定有两个同质的地方政府 I 和地方政府 J，有监管和不监管环境两种行为选择。当 I 选择监管时，J 从理性经济人角度出发选择不监管，此时污染企业就从 I 地区转向 J 地区，J 地区不仅经济得到增长，而且官员的政治资本得到提升，两者的收益是（5，－1），I 的利益相对受损；同理，J 选择监管时，I 基于理性经济人角度也选择不监管，此时两者收益（－1，5），J 利益相对受损；当两个地方政府都基于自身最大利益原则考虑不监管环境问题，此时两种收益矩阵（3，3），是两者的纳什均衡，但是比社会最优的两者都监管下的收益矩阵（4，4）要低，这就导致了环境监管的困境，环境污染依然严重。

2. 地方政府间环境治理的投资博弈

假定有两个同质的地方政府 I 和地方政府 J，而且投资是有限的，主要用于生产性支出和非生产性支出（本研究指环境治理支出）两个方面。

两个地方政府任何一方进行生产性的投资行为，都会使得本地区的经济受益 R，但是会使对方的利益受到损失 M，产生经济学意义上的负外部效应；若两个地方政府任何一方进行环境治理，将会带来收益 R_1（$R > R_1$），即产生正向的外部效应，这里不存在中央政府的监管行为，也就没有其行为下的激励和惩罚。表 2-11 是地方政府间环境治理投资的博弈矩阵。

表 2-11 地方政府环境治理策略博弈

		地方政府 I	
		投资	不投资
地方政府 J	投资	$2R_1$，$2R_1$	$R_1 - M$，R
	不投资	R，$R_1 - M$	$R - M$，$R - M$

从表 2-11 可以看出，若地方政府 I、地方政府 J 都将投资用于环境污染治理，则双方的收益为（$2R_1$，$2R_1$），这是最优的策略选择；若地方政府 I 选择环境污染治理投资，地方政府 J 选择投资生产性支出，则两者的收益是（$R_1 - M$，R），反之则为（R，$R_1 - M$）；若双方都不选择投资环境污染的治理，则收益为（$R - M$，$R - M$）。因此，地方政府是否会选择对治理环境污染进行投资，主要看 R 与 $2R_1$ 的大小。在环境监管不严或失力时，若地方政府进行生产性投资得到的收益大于环境治理投资，那么地方政府将不会选择环境治理投资。而且环境污染治理具有正向外部性特征，其收益也难以衡量，就会引起环境治理力度不够，投资不足，导致环境质量变差。

3. 地方政府间跨界环境治理博弈

环境资源是一项公共物品，其具有跨区域的特点，环境污染问题同样具有此特点，随着污染的日益严重，国家采取多种措施进行治理，包括跨界治理，也出台了相应的跨界治理的文件，如《泛珠三角区域跨界环境污染纠纷行政处理办法》等，但我国现行的污染跨界治理存在环境治理执行不力等现象，这与地方政府间的利益博弈行为有很大关系。

假定有两个同质的地方政府 I 和地方政府 J，都面临财政和污染治理的压力，双方都可选择合作或者不合作，两个地方政府环境治理的收益都为 R，环境联合治理成本为 M（$M > R$），当两个地方政府联合治理时，收益均为 R，成本平摊为 $M/2$，此时纯收益是 $\left(\dfrac{R-M}{2}, \dfrac{R-M}{2}\right)$；若两个地方政府各自治理时，各得收益 R，各支出成本 M，则纯收益是（$R - M$，$R - M$）；

如果一方选择合作，另一方不合作，则合作的一方得到好处 R，纯收益为 $R-M$，另一方也得到好处 R，纯收益 R。表 2 – 12 是地方政府间跨界环境治理博弈矩阵。

表 2 – 12 地方政府跨界环境治理策略博弈

		地方政府 I	
		合作	不合作
地方政府 J	合作	$\frac{R-M}{2}, \frac{R-M}{2}$	$R, R-M$
	合作	$R-M, R$	$R-M, R-M$

从表 2 – 12 可以看出，若地方政府 I、地方政府 J 选择联合治理，纯收益最大（$R-M/2$，$R-M/2$），是最佳的策略组合。但是基于理性经济人的地方政府会遵从自身利益最大化的角度出发，选择有利于自身的策略组合，由于环境治理的外部性特征，双方都在观察对方的策略选择后再进行选择，当一方采取合作模式治理环境污染，另一方可能会破坏协议，产生"搭便车"投机行为，选择不治理污染，直接享受对方的环境治理效果；而一方在了解对方的行为之后，也会选择不合作的模式，从而陷入"囚徒困境"，最终的结果只能双方各自治理，纯收益为（$R-M$，$R-M$），但这种污染治理的效果最差。

由此可见，在环境治理上如果地方政府都采取监管措施，会使双方都受益，如果一方选择不监管，则另一方必受损失；如果地方政府均选择进行环境治理，双方的收益也最大，污染治理效果最优；地方政府若选择跨界合作治理污染，也是最有效的治理污染手段，若各自治理会导致成本上升，或者单方面地选择合作治理也不能达到治理的最优化，故地方政府在环境治理上选择共同监管、投资以及合作治理是环境治理的最优策略选择，更能解决环境污染问题，达到环境质量的最优。

三、地方政府和企业间环境治理的博弈困境分析

地方政府与企业在环境治理方面的博弈主要基于经济人理性的选择，企业首先是考虑到自己的经济利益，在环境治理上或许会选择不治理，但是在地方政府的施压下，可能会被迫进行环境治理工作，从而形成了在环境治理上的博弈，本小节首先分析地方政府之间在环境治理上的行为逻

辑，然后再通过博弈模型来分析地方政府和企业间的行为。

（一）地方政府和企业间环境治理的行为逻辑分析

环境污染治理是地方政府众多职能中的一个，也是极其重要的一个，而产生环境污染的污染源主要是企业，而企业作为市场的主体存在，其基于理性的经济人思维模式，以自身利益最大化为行为准则，在环境污染治理这方面可能采取消极的态度，导致环境污染加剧，环境质量下降，但对于企业产生的污染，地方政府会对其实施管理，主要通过排污费的收取来促使企业参与环境污染的治理，从而达到环境保护的目的，然而，地方政府的财政收入也主要来源于企业的生产，这就可能出现地方政府在某种程度上对排污企业进行不严格的管理，使得环境治理低效，这也就是地方政府与企业之间存在某种利益关系，在一定的情况下可能会改变自己的策略选择。

（二）地方政府和企业间环境治理的博弈分析

此部分同样参考袁华萍（2016）的研究，通过博弈模型对地方政府和企业在环境治理上的行为进行分析。首先假定在企业正常排污的情况下，地方政府的最终收益是 R，企业的最终收益是 W；地方政府的绝大部分收益都来自该企业，地方政府对该企业可采取监管和不监管两种模式，企业对污染治理也有积极和消极两种态度；若地方政府采取严格监管，监管成本是 C，环境治理成本是 C_1，当企业不积极参与污染治理时会受到相应的惩罚 P，$C > P$；当地方政府采取不监管的模式时，企业可多获一定的收益 W_1，地方政府可多获得一定的收益 R_1，但会使社会成本增加 G，$G < R_1$。表 2 - 13 是地方政府和企业间环境治理的博弈矩阵。

表 2 - 13　　　　　　　地方政府和企业间环境治理策略博弈

		地方政府	
		监管	不监管
企业	积极	$W - C_1$，$R - C$	$W + W_1 - C_1$，$R + R_1$
	消极	$W - P$，$R - C$	$W + W_1$，$R + R_1 - C$

从表 2 - 13 可看出：地方政府选择何种模式对环境进行治理取决于 C 与 $G - R_1$ 的大小，若 G 大于 R_1，对应的地方政府监管成本会小于 $G - R_1$，这种情况下，地方政府会采取监管策略，基于假设的 $G < R_1$，地方政府会采取不监管模式。类似地，企业是否会积极参与环境治理取决于 C_1 和 P

的大小，如果企业参与环境治理的成本大于惩罚，那么在环境治理上企业就会采取消极的态度，也就是不治理环境污染，因此，最稳定的策略组合是不监管不积极的模式，但环境污染问题得不到有效治理。

综合而言，地方政府与企业的占优策略是不监管不积极治理，但这对社会而言绝非最优的策略，因此，中央政府应该加大对地方政府的监督力度，严格要求地方政府对污染企业的管控力度，同时地方政府也应该制定合理的环境政策，建立企业积极参与环境治理的激励机制，有助于企业积极参与环境治理。

四、地方政府和公众环境治理博弈困境分析

地方政府与公众之间的博弈同样也是基于经济人理性，根据自身利益最大化作出选择，公众更多的是考虑自己的衣食住行等，而地方政府不仅要考虑经济发展还要兼顾环境治理，两者在环境治理上也存在一定的困境，也形成了在环境治理上的博弈，本小节首先分析地方政府与公众在环境治理上的行为逻辑，然后再通过博弈模型来分析地方政府和公众间的行为。

（一）地方政府和公众环境治理行为逻辑分析

地方政府与公众在面对环境污染问题时，根据自身利益最大化原则作出相应的策略选择。地方政府职能颇多，不仅要注重经济社会的稳定发展，还要承担保护环境的重任。出于官员任期的限制，地方政府可能更多关注的是短期经济的增长，对环境治理这种长期坚持才能出效果的隐形利益可能会选择性忽略，而公众环保意识提高，以及公众参与环境治理都会促使地方政府在应对向上的压力（主要还是经济水平的增长）的同时，还要对公众负责（考虑环境污染治理问题），这就造成地方政府在促进经济增长和保护环境两者间形成困境。就公众而言，他们是一个个单独的个体，每个个体都有自己的利益追求，主要还是把衣食住行放在首要位置，对环境承受能力不同，而且环境污染治理是个公共问题，个人可能不会主动参与环境治理，只有自身受到环境问题的威胁，才会共同积极参与环境的治理，这复杂的行为倾向就导致公众和地方政府间存在着经济发展与环境保护的博弈。

（二）地方政府和公众间环境治理的博弈分析

此部分参考王丽珂（2016）的研究，通过博弈模型对地方政府和公众在环境治理上的行为进行分析。地方政府和公众在环境污染治理上都存在两种策略选择，地方政府可以选择治理或者不治理，公众可以选择主动或

不主动参与环境治理，表现为是否对环境污染进行举报、控告的行为。假定在博弈中地方政府选择环境治理的概率为 a，不治理的概率为 $1-a$，公众主动参与环境治理的概率是 b，不主动参与环境治理概率为 $1-b$，而污染制造者选择不治理环境，对自身造成的危害是 W，地方政府治理环境的成本是 C_1，公众主动参与环境治理的成本是 C_2，地方政府对制造环境污染行为的惩罚为 G，地方政府对公众主动参与环境治理行为进行补偿为 R_1，对公众不主动参与环境治理的补偿为 R_2，地方政府积极参与环境治理得到的公信力为 U。地方政府与公众进行环境治理的博弈矩阵如表 2-14 所示。

表 2-14　　　　　　　　　地方政府和公众环境治理策略博弈

		地方政府	
		治理	不治理
公众	参与	R_1-C_2-W, $G+U-C_1$	R_2-C_2-W, $-U$
	不参与	$-W$, $G-C_1$	$-W$, 0

从上面的矩阵可看出，地方政府和公众均选择治理环境污染是最佳的策略组合，但在实际情况下，基于双方都会遵从自己的利益选择，需要考虑双方混合策略下的博弈行为，此时，地方政府的期望函数为：

$$u_1 = ab(G+U+C_1) + a(1-b)(G-C_1) - b(1-a)U$$
$$= 2abU + a(G-C_1) - bU \qquad (2-11)$$

公众的期望函数：

$$u_2 = ab(R_2-C_2-W) + b(1-a)(R_2-C_2-W) - (1-b)aW - (1-b)(1-a)W$$
$$= ab(R_1-R_2) + b(R_2-C_2) - W \qquad (2-12)$$

地方政府和公众的混合策略纳什均衡为：

$$\left[C_1 - \frac{G}{2U}, \ 1-C_1-\frac{G}{2U} \right], \ \left[C_2 - \frac{R_2}{R_1} - R_2, \ 1-C_2-\frac{R_2}{R_1}-R_2 \right] \qquad (2-13)$$

对地方政府来说，根据 $a = C_2 - \dfrac{R_2}{R_1} - R_2$ 得到，公众主动参加环境治理的成本 C_2 越高，地方政府选择治理环境的概率越大；公众主动参加环境治理得到的补偿越小，地府政府进行环境治理的意愿越大；反之亦然。

对公众来说，根据 $b = C_1 - \dfrac{G}{2U}$ 得出：地方政府治理环境成本 C_1 越大，公众主动参与环境治理概率 b 越大；地方政府公信力对公众主动参与环治理也产生一定的影响，公信力越小，公众参与环境治理概率越大。

由此可见，地方政府与公众在环境治理最优的策略组合是都选择治理环境，但基于现实情况，地方政府和公众都可能遵从自身利益最大化，这种情况下，对地方政府而言，选择治理环境取决于公众主动参与环境治理的成本与补偿，成本越高或者补偿越小以及补偿标准越低，都使得地方政府选择环境治理的概率加大；对公众而言，其选择治理环境取决于地方政府环境治理的成本、采取的惩罚力度以及公信力，地方政府环境治理成本越高、惩罚力度较低以及公信较小时，公众参与环境治理概率就越大。

综上所述，环境治理各主体基于不同的利益等遵从不同的行为逻辑作出不同的策略选择，地府政府环境治理意愿与中央政府的监管力度有关。地方政府之间，只有在双方都选择监管措施或者加强环境治理投资或者选择跨界的合作治理才能使环境治理效果达到最优，否则，双方的利益都有损失；地方政府与企业间，由于地方政府的收益主要来源于企业的生产，那么严格管控对地方政府会产生一定的影响，而企业加强环境治理也会带来一定的成本，最终形成地方政府与企业最稳定的模式是不监管不治理，但对社会并非最优的策略模式；地方政府与公众间，最佳的策略选择是地方政府选择治理环境，公众也主动参与环境治理，但实际上，地方政府与公众更多遵从自身利益最大化出发，此时，地方政府是否开展环境治理工作取决于公众主动参与环境治理成本及补偿标准，而公众主动参与环境治理也与地方政府环境治理的成本、惩罚力度及公信力有关，由此得出，在各主体面临的环境治理困局中，博弈双方不仅要关注自身的利益，还要承担相应的环保监督、管理任务，达到整个社会的利益最大化。

第四节　环境分权治理的缘起及其影响

一、环境分权治理的缘起

环境管理是公共事务的重要部分，其核心问题是实现环境事权在不同层级政府间的有效配置。环境管理体制经历了复杂的发展和完善过程，本节以我国环境管理体制的变革为主线，对环境保护管理体制的演进历程进行梳理，同时结合不同时期环境组织机构和环境治理政策，将环境管理体制改革分为三个阶段：第一阶段是 1973～1993 年的偏向于建立分权制度的环境管理体制时期；第二个阶段是 1994～2007 年的基于既有分权体制框架下表现出集权发展态势时期；第三个阶段是 2008 年至今的中央与地方间环境管理激励相容的时期。这三个阶段反映了以环境为代表的公共事务集权和分权的演进逻辑和体制变迁过程，具体内容如下：

第一阶段（1973~1993 年）：我国正式进入环境保护领域，这一阶段环境保护模式发生了由群众动员向政府管理的巨大转变，环境管理体制经历了从无到有的过程。经过很长一段时期，我国政府建立了针对于某重大环境污染事件的临时组织机构，环境保护、监测等职责由政府非正式且非独立的机构承担。自 1973 年起，我国政府高度关注环境保护建设问题，并将其纳入国家预算计划，这对环境管理机构建设而言具有重要意义。1978 年，通过"财政包干"制度，地方政府获得财政自主权利，为大力发展地区经济，各级地方政府高度重视基础设施、招商引资等方面的投资，而忽略了环境保护方面的资金投入。1988 年中央设立环保局，环保局成为统一监管全国各项环境事务的国务院直属机构，并在一定程度上缓解了城乡发展与环境保护之间的矛盾。随着时间的推移，中央和地方政府间以及不同部门之间关于环境管理事权与责任分割不明确的问题逐渐显露。1989 年，中央修订并实施的环保法明确了权责划分的问题。综合来看，这一时期的环境保护管理体制处于较为混乱的状态，尚不成熟。由于中央政府税收收入减少，导致中央的宏观调控和监督管理能力不断减弱，阻碍中央政府对区域间环境污染问题协调的同时，加剧了地方保护和恶性竞争，促使环境污染问题愈发严重。

第二阶段（1994~2007 年）：这一时期环境管理体制步入稳定发展阶段，在既有分权体制框架下呈现出向集权发展的态势。财政体制改革对环境管理体制的发展具有重要推动作用。主要表现在：一是分税制改革明显增加了中央政府的财政收入，相应地中央政府在环境管理事项上的管理能力逐步增强；二是与中央政府收入增加相反，地方政府的可支配财政收入呈下降趋势，然而地方政府环境事权却没有减少，财权的上移和事权的下放会对地方政府的环境保护能力造成损害；三是鉴于地方政府预算开支的失衡，中央会通过转移支付来调整，随着时间推移，环境因素也被纳入转移支付中，这种现象在专项转移支付中尤为明显。综合而言，这一时间段内，财政制度改革不仅增强了中央政府的宏观调控能力，而且还增加了政府在环境保护领域的资金投入，同时，地方政府环境机构不断健全，环境管理能力逐渐提升，各级政府对环境治理和保护的重视程度不断增强，环境质量也逐步被纳入地方政府政绩考核评价标准中。

第三阶段（2008 年至今）：2008 年，原国家环境保护总局改为环境保护部，成为国务院组成部门之一。环境保护部作为权威性的机构，各层级政府之间以及部门之间仍然使用以往的体制对环保责任进行划分，以往的环境管理体制改革也在持续进行。中央政府强化自身在地方环境治理过程中的干预作用，充分发挥中央政府通过资源配置协调地区间环境污染问题的作用，不断完善地方政府环境治理的激励与约束机制。具体而言，一方面，在测算均衡性转移支付标准财政支出时，将环境因素正式纳入其中，并且通过经济激励加大对重点生态功能区的转移支付力度；另一方面，中央政府协调处理地区环境污染纠纷问题，充分调动不同区域开展跨区域生态补偿的积极性，将"谁开发谁维护、谁收益谁补偿"作为基本原则，建立生态补偿机制。此外，将减少能源损耗和污染排放的相关指标引入地方政府政绩考核评价体系中，严格执行问责制度和一票否决制度。

综合而言，环境集权抑或分权是我国环境治理管理的主线，也取得了一定的成效。

二、环境分权治理的影响

国内学者就环境分权和环境集权问题的研究尚处于起步阶段，祁毓和卢洪友等（2014）、陆远权和张德钢（2016）等学者对此作了大量理论与实证方面的探索。邹璇等（2019）运用空间计量实证验证作用机制，研究发现不同的环境分权指标对绿色发展的影响也有区别，除环境监察分权外，环境分权、环境监测分权及环境行政分权都对区域绿色发展有正向作用。还有一些文献探讨了环境分权与环境污染间非线性关系，如彭星（2016）对环境分权与工业绿色转型的关系进行研究，发现在一定范围内环境分权度对工业绿色转型有正向影响，且区域异质性显著，东部沿海地区环境分权度的提高促进了工业绿色转型，而中西部分权度提高会抑制工业绿色转型。然而，现有文献所提到的环境分权是部分的环境分权，即中央政府将部分的环境治理权力下放到地方政府，环境治理还是由中央政府和地方政府共同承担，其本质没有发生根本变化。另外，从现有文献对环境分权的度量来看，地方环保管理人员与全国环保管理人员之比是环境分权的主要度量指标，中央政府与地方政府之间的博弈仍然存在，并不能从根本上解决环境污染的外部性问题。

自 2007 年江苏太湖蓝藻污染事件以来，河长制成为地方政府推进环境治理的有效手段。河长制实施以来，大量河长亲临一线对河道基本的状况进行实地调查，并将河水的水质状况、水环境与水生态情况等基本信息以文字、表格或者图片等形式建立档案，然后针对河道的具体问题实施综合整治和长效管理计划，扎实推进区域流域的保护、治理、发展。可以说，河长制方案做到了责任主体、整治任务、管理措施"三到位"，打破了区域和部门行政权力分割的旧弊。作为环境分权治理中的制度性突破和改革创新，河长制的实施对我国的水环境污染治理有何影响？以四川省率先落实河长制工作的井研县为例，自 2017 年 1 月河长制管理实施方案出台，全县 9 条河流、143 条河段、47 座水库全部发包下放至主要负责人，建立县、乡、村三级河长管理体系，破解了"九龙治水"困局，截至 2017 年 11 月，全县已基本消除黑臭水体。从实施河长制较早的江苏省来看，据《2019 年度江苏省生态环境公报》显示，与 2018 年相比，江苏省水环境质量总体有所改善。2019 年云南省六大水系水质达优，全省的水环境质量稳定向好。在浙江省的水环境治理中，2020 年 9 月浙江省的 221 个省控断面中 Ⅰ 类占 10.4%，Ⅱ 类占 39.8%，Ⅲ 类占 32.6%，Ⅳ 类占 13.1%，Ⅴ 类占 3.6%，劣 Ⅴ 类仅占 0.5%，全省地表水总体水质为良。

综上所述，河长制的推行促使很多河流实现了从"没人管"到"有人管"、从"多头管"到"统一管"、从"管不住"到"管得好"的方向转变，诸多地区的水环境得到了明显改善。截至 2018 年 6 月底，我国 31 个省（区、市）基本建立了河长制实施方案。

综合而言，河长制的本质就是环境分权治理，将河长制引入我国环境治理问题研究中，不仅有利于丰富协同学的理论体系，扩展环境分权治理影响的理论分析框架，同时，为我国环境治理提供了新思路，对有序推进我国生态环境优化具有重要的参考价值，也为我国制定科学合理的环境协同治理政策提供了理论依据。

第五节　本　章　小　结

环境污染现状分析方面，选取六个基础指标对我国环境污染水平进行时空测度分析，结果显示，各环境污染综合指数均处于波动上升趋势，与此同时，我国环境污染指数整体上呈现下降态势。从空间维度可知，相较于 2000 年，2018 年我国绝大部分省市的环境污染指数下降趋势较为显著，也有部分省市环境污染水平有所上升，环境污染状况不容忽视。对环境污染莫兰指数进行测度，在此基础上分析我国 30 个省（市、区）环境污染的空间特征，从环境污染的空间相关性分析中发现，2011～2018 年我国 30 个省（区、市）环境污染具有明显的空间同质现象；同时，也有部分地区属于"H－L"的聚集类型和"L－H"的聚集类型，在地理空间上呈现负相关关系，综合而言，验证了我国 30 个省（区、市）环境污染在地理空间上存在集聚现象。

环境治理现状分析方面，首先，从新安江流域和河长制两个案例阐述环境治理方面的经验做法，并得出我国应该从立法、主体责任、监察以及监督体系等出发落实环境治理工作的结论。结合人均环境治理投资指标对我国环境污染治理水平进行时空演变分析，结果显示，我国的环境治理水平呈现持续上升的态势，总体治理效果极佳。从空间维度可知，相对于 2003 年，2018 年我国不同区域之间的环境治理水平差异有所缓和。对环境治理莫兰指数进行测度，在此基础上分析我国 30 个省（区、市）环境污染的空间相关性，发现这 30 个省（区、市）环境治理整体具有明显的空间同质现象，其中大部分省市属于"H－H"的聚集类型和"L－L"的聚集类型；同时，也有部分地区在地理空间上呈现负相关关系。

其次，从中央与地方政府间、地方政府之间、地方政府和企业间及地方政府和公众间四个维度概括分析我国环境治理各主体面临的博弈困境，得出环境治理各主体在面临博弈困局时，博弈双方不能以自身利益最大化为原则，还应当承担更多的环保监督、管理等责任，从而使社会利益最大化的结论。

最后，以我国环境管理体制的变革为主线，系统梳理了我国环境治理实践的主要演进阶段。此外，本章以河长制这个完全的环境分权制度为例，总结了这一制度的推行对我国区域水环境治理的积极效应，并以此为契机，进一步拓展到环境分权对我国环境治理的影响。

第三章　河长制视域下环境分权
与环境污染：理论与机理

河长制视域下环境分权对环境污染的影响效应如何？又会通过哪些具体的作用机制对环境污染产生影响？基于此，本章首先着重介绍环境分权、环境污染的相关理论，在此基础上，采用理论分析与数理模型相结合的方法，分别从地方政府环境注意力和地方政府环境治理竞争视角阐释环境分权影响环境污染的内在机理。

第一节　环境分权与环境污染相关理论

环境污染治理是当下人们急需解决的重要问题，而科学的理论指导会使环境治理工作事半功倍，本部分主要阐述财政分权理论、环境联邦主义理论、外部性理论、产权理论、公共产品理论及博弈论等理论。

一、财政分权理论

财政分权理论的发展进程可划分为两个阶段。蒂伯特于 1956 年首次提出财政分权理论，认为地方政府在"用脚投票"机制下，通过提供更符合居民偏好的公共品以吸引更多居民流入本辖区。早在 1959 年马斯格雷夫（Musgrave）就提出了分权的思想，研究发现中央和地方间的分权体制能够保证公共物品的公平性，提高公共品的供给效率。奥茨（Oates，1972）提出"分权理论"，他认为由中央政府统一提供公共品不能完全覆盖所有居民的需求，相比较中央政府，地方政府能更完全真实地掌握当地居民的偏好信息，提供的公共产品或服务也会更加有效。奥茨、蒂伯特、马斯格雷夫等学者的理论被学界视为第一代财政分权理论，这种传统的财政分权理论是基于地方政府"高尚人"假设，从不同角度论证地方政府存在及其在公共产品提供上的必要性和合理性，在丰富财政分权理论体系的同时，也推动了财政分权理论进一步发展。第二代财政分权理论是在第一代财政分权理论基础上衍生发展出来的，不同于第一代财政分权理论的政府为完全高尚无私的假设，第二代财政分权理论更接近现实，认为地方政府作为理性的"经济人"，对晋升、税收收入等有强烈诉求，当官员与居民利益偏离，地方官员会优先考虑自身利益，导致政府产生寻租和腐败等行为，牺牲社会福利。为实现地方政府的行为动机和决策与居民的福利诉求保持一致，第二代财政分权理论指出需通过建立激励约束机制引导并规范地方政府行为，构建有效的政府结构促使政府官员和地方居民福利的激励兼容。第一代财政分权和第二代财政分权理论的共同之处在于财政分权有利于各层级政府间的信息交流，提高资源配置效率。由此可以看出，第二代财政分权理论是对第一代理论的进一步完善，对现实更具说服力。

二、环境联邦主义理论

20 世纪 70 年代，环境联邦主义理论兴起于美国，该理论聚焦于联邦体制内各层级政府环境决策权的划分问题，不是决定划分事权和财权的最优化，而是确定政府在环境问题上的角色定位，这一理论包括第一代环境联邦主义理论和第二代环境联邦主义理论两个阶段，其本质是集权到分权的演变过程。

第一代环境联邦主义理论认为，在分权体制下地方政府为了促进经济发展，不惜放低环境监管标准（Esty，1996），引入高污染企业入驻，致使污染状况加重。而且环境联邦主义理论的代表人物斯图尔特（Stewart，1977）认为，在环境管理事务上应采取集权的管理方式，主要有以下三个依据：首先，中央统一进行环境污染治理不仅能有效避免和减少"公地悲剧"的发生，而且有助于实现规模经济。其次，环境治理的外部性特征往往会造成政府失灵，在财政资源较紧缺的情况下，地方政府治理环境污染的积极性会有所降低，居民将会失去对政府的信任。最后，环境集权会消除地方政府与企业间存在的利益博弈问题，减少不必要的竞争。正是因为环境集权的管理模式产生了一系列不可控问题，作为第二代环境联邦主义理论的代表人物，萨维恩（Saveyn，2006）认为，地方政府应该参与到环境治理之中，即实行环境治理的分权化管理模式，主要的原因有两点：一是因为集权下中央政府会损失大量的环境治理信息搜寻成本；二是考虑到由于各地区的地理位置、自然环境等方面有所不同，如果将环境权力划归地方，各地方政府能够根据本地区环境的实际情况制定环境政策，最终实现环境治理的帕累托最优。米利米特（Millimet，2003）的研究就证实了这一观点。此外，奥茨（1998）认为，环境治理活动需要采取中央和地方政府的联动机制，中央统筹协调，地方负责各辖区的环境事务，并对中央提供必要的信息指导。

三、外部性理论

"外部经济"是1980年著名新古典经济学家马歇尔在《经济学原理》中首次提出的概念，说明资源的使用具有双重效果：一种是资源能源用作满足人们生活需要的产品，产生经济外部性；另一种是经过人类使用后的资源废弃物污染环境使人类生存受到威胁，出现了私人收益与社会收益、私人成本与社会成本不一致的现象。经济外部性分为正向性和负向性，环境污染显然具有负向的外部效应，而环境治理具有正向的外部效应，即对某个地区的环境进行治理，那么相邻地区的环境质量也会得到提高。现有文献关于环境污染的治理主要通过外部性内部化的手段，包括庇古税和科斯产权理论，其中庇古税是指采取政府干预手段，对环境污染企业进行强制性征税，将外部影响内部化，认为市场失灵是外部性产生的主要缘由，而政府能够采取措施来解决问题，达到资源的最优配置。科斯的产权理论则认为，产权不明晰是外部性问题产生的根本原因，采取经济手段可以解决外部性问题，市场交易机制能够实现资源的最优配置。

四、产权理论

西方产权理论是1960年科斯在发表的《社会成本问题》中提出的，即通过产权明晰解决外部性问题，达到资源配置的帕累托最优。根据他的观点，解决外部性问题最重要的就是界定产权，产权不明晰就会导致边际私人收益（边际私人成本）与边际社会收益（边际社会成本）的不一致。环境资源是典型的公共资源，其资源配置低效源于产权不明晰，但是如果产权得到清晰界定，环境资源便拥有排他性和可转让性，各经济主体则有意愿节约资源，在成本足够低的情况下，产权交易就能达到资源配置的帕累托最优。由于环境污染的溢出效应较大，其产权界定较困难或者产权界定成本较高，很难借助市场来处理外部性带来的市场失灵问题，或者说虽然能解决但是成本巨大。

五、公共产品理论

公共产品是服务于社会公众的产品，具有非排他性和非竞争性，即每个人都有享用它的权利。公共产品理论由来已久，1776年，休谟在《人性论》中指出每个人都有免费"搭便车"的动机，这也是市场失灵的原因。同年，亚当·斯密的《国富论》提出大多数公共产品都具有外部性特征，若由市场来提供公共产品，会导致市场失灵，出现免费"搭便车"的现象，需要政府共同参与公共产品的提供。1848 年，穆勒提出政府提供公共产品才是可靠的，由市场提供具有风险性。1920 年，庇古认为公共产品是总的概念，因此公共净产品是衡量公共产品真实效率的重要指标。1965 年，布坎南认为可将公共产品细分为准公共产品和纯公共产品。后期的学者大多数也侧重于公共产品供给效率的测度研究。

环境治理作为一项公共事务，具有典型的外部性特征。若环境治理具有正外部性特征，则政府或者企业治理环境的私人边际收益会小于社会边际收益，政府或者企业则会增加环境公共物品，居民的福利水平得到提高，而在负外部性下，会出现私人边际成本小于社会边际成本的现象，企业的排污量则高于社会最优水平，降低了居民的福利水平。另外，基于环境的非排他性特征，在环境治理上往往存在"搭便车"现象，会削弱环境治理主体的积极性，导致环境污染加重。

六、博弈论

博弈论是指决策主体的行为相互间产生作用，决策主体根据自身拥有的信息进行决策，反映博弈中各行为主体间竞争、协调与合作关系。在地方政府环境治理中，环境事务中参与环境治理的各行为主体的博弈行为贯穿整个治理过程，其中包含中央与地方政府间的博弈，地方政府间的博弈，地方政府与企业、公众之间的博弈等。在传统的中央集权基础上，地方政府的竞争体现了中央与地方政府政治利益的博弈，随着财政分权体制建立，中央与地方的财政收支责任明晰，地方政府的利益得到保障，进而地方政府竞争转变为地方政府间的利益博弈，为使自己利益最大化争夺更多的资源，也存在"搭便车"的行为，即寄希望于相邻政府的环境治理。地方政府与企业间的环境治理博弈，企业在环境治理中的态度与政府的监管是否严格和环境的优劣有很大关系；地方政府与公众的环境治理博弈，公众是否参与与地方政府治理与否和环境的优劣有很大关系。

七、环境注意力理论

注意力基础观逐渐发展成为组织行为学和管理学的重要理论之一，被运用于解释诸多组织现象存在的原因。1997 年奥卡西奥（Ocasio）在西蒙（Simon）的研究假设基础上提出企业注意力基础观，奥卡西奥认为企业注意力基础观主要研究企业注意力这种有限资源的配置问题，虽然注意力的配置属于决策者个人意向，但决策者不可避免地处在特定环境和情境中，要了解决策行为必须将个体、组织和环境结合起来考虑。奥卡西奥强调管理者对战略的最终定夺很大程度上取决于决策者对注意力的配置。注意力基础观将组织看成一个注意力配置系统，认为决策时管理者接受刺激的能力是有限的，而能够给予管理者刺激才会引起管理者的注意，这样的刺激才能够在决策过程中发挥作用。注意力是诸多刺激中主导管理者意识的因素，影响管理者制定决策，注意力配置是决策者将注意力集中于某事物并得到结果。注意力基础观结合认知学、社会心理学、组织行为学等多学科的相关理论和研究成果，为深刻理解政策制定者的决策行为提供了一种新的视角，同时为基于注意力的组织行为理论奠定坚实基础。

第二节　环境分权对环境污染的影响分析

在我国以往的环境管理体制下，环境相关政策的制定者为中央政府，环境政策的实施者为各级地方政府。自分税制改革以来，中央政府主要通过经济发展指标考核地方政府工作绩效，因而地方政府承担较大压力。由于环境治理具有正向外溢性以及环境污染具有负向外部性，与环境污染治理相比较，地方政府倾向于选择投资见效快的产业，如基础设施、房地产等，促使经济高速增长的同时也能够增加辖区财政收入。此外，中央与地方政府环境治理目标不一致也是影响环境治理成效的重要方面。

蒂布特（Tiebout）早在1956年提出了分权有效的假说，其核心在于"用脚投票"理论。蒂布特认为若两个地区提供不同服务质量和供给模式的公共产品，居民可以根据自己的偏好需求自由选择居住的辖区，一旦该辖区提供的公共品无法满足其偏好，他们可以自由迁徙至符合自己公共品需求的地区。居民自由流动这一"用脚投票"方式，促使公共服务供给与居民政策偏好最优匹配，有利于实现公共资源有效配置。具体而言，环境分权的影响主要表现在：一是地方政府之间存在环境公共品的横向竞争机制。蒂布特假说中在居民自由流动的激励下会强化地方政府开展公共品服务方面的竞争，为吸引居民流入，地方政府会通过提高环境公共品供给质量、提供更符合居民偏好的公共品，以提升本地区竞争能力。二是居民加大对地方政府行为的监督力度。三是相较于中央政府，地方政府在环境方面具有信息优势。斯蒂格勒（Stigler，1957）研究发现，地方政府比中央政府掌握更多关于居民公共品需求偏好的信息，地方政府能够更为快速、全面地获取公共品信息，且不同地区居民对政府提供的公共服务评价存在较大差异，中央政府无法针对各地区提供差异化的公共服务以满足居民需求。随着地方政府对环境监管队伍和执法能力建设的重视，逐步增加基层环境保护系统人员的数量，将环境监督管理和环境污染治理政策渗透到基层，有利于地方政府最大化利用其信息优势，形成更加完善的环境监督和管理体系，促进地方环境质量稳步提升。

现有文献研究表明，地方环境分权体制有利于环境质量水平的提升。首先，分权式的环境管理体制会影响地方政府有关环境方面的策略行为（李国祥，2019）。环境分权管理体制给予地方政府更多环境保护和环境治理权责，由此强化各级政府环境监督管理力度。地方政府通过增收污染税费等方式提高高污染型企业的生产经营成本，迫使污染密集型企业寻求新的发展环境，将污染性强的生产环节搬迁至环境监管力度较弱的地区，导致环境监管弱的地区成为重污染企业的避难所。重污染、高能耗型企业将污染物排放到迁移地辖区内，会影响到迁移地生态环境质量，导致迁移地污染治理成本增加。为改善生态环境，地方政府可能会拒绝重污染工业企业迁移至本辖区，从而在环境领域，地方政府之间形成一种"趋良竞争"的发展态势，有助于减轻地方环境污染排放（Levinson，2003）。其次，根据新结构经济学家的理论，环境分权背景下地方政府具有更大自主权，地方政府需要承担的环境保护主体责任更大。地方政府可以依据比较优势原则制定符合当地资源环境和产业结构现状的政策措施，促进地方经济实现可持续发展，进而增加地方政府财政收入。地方政府可供支配资金的不断增加，为地方环境管治提供保障，地方政府在环境监管和治理方面愿意花费更多的财力，从而达到降低环境污染水平的目的。再次，地方政府在环境方面具有成本优势。相较于中央政府，地方政府能够用较低的成本收集到当地环境监管和环境治理的最新状况，且在地方政府环境政策执行的过程中节省了中央与地方间信息传达的中间成本。阿马托（Amato，2011）也认为，地方政府具有充足的成本优势时，环境分权度的增加会显著降低环境污染水平。最后，环境分权体制为地方政府在环境保护支出、环保人员和机构设置等诸多方面争取到更多的自主权利，对于地方政府制定创新性的治污政策措施具有一定的激励作用。分权式的环境管理体制给予这些治污方案在本辖区内实验的机会，通过试错有利于地方政府找到因地制宜的治污措施，为地方政府制定切实有效的环境监督管理制度创造出更多的可能性，充分发挥"国家实验室"的作用（Millimet，2013）。

第三节　环境分权对环境污染的影响机理分析

本部分主要从地方政府环境注意力和地方政府环境治理竞争视角分析环境分权对环境污染的影响机理。

一、环境分权与环境污染：地方政府环境注意力

（一）理论分析

"注意力"原本是心理学中的一个名词，表示人的心理活动指向和集中于某种事物的能力。注意力代表了在一定时间段内决策者对某件事务的重视程度，将注意力理论引入环境污染研究，主要用于考察地方政府在环境分权背景下对环境污染和环境治理的关注度，即地方政府环境注意力。从近年来中央与地方政府工作报告和出台的一些重要文件来看，无论是中央政府还是地方政府对环境问题的关注度都在不断提升。例如，党的十九大报告被认为是最生态、最绿色、最美丽的一次报告，报告中共出现"生态"43处、"绿色"15处、"生态文明"12处、"美丽"8处词汇，反映出中央与地方政府对环境问题的高度重视，环境注意力不断提升。那么，地方政府环境注意力提升的影响何在？

一般而言，与环境注意力相伴而生的是地方政府对环境问题的关注度相应提升，在该事物中耗费的人力、物力、财力相应增加，一个直观的体现就是环境规制强度提升。环境规制强度提升对环境污染的影响表现在：一方面，环境规制强度提升将增加企业环境治理方面的投资，使得环境污染带来的社会成本转变为企业的内部成本，这对企业的污染排放起到约束作用。在此背景下，环境规制强度的增加会迫使企业进行技术创新，高污染型企业通过积极引进先进生产技术和科技人才、研发清洁产品、改造升级污染处理设备，以减少能源耗损量，提高生产过程中资源能源利用效率，环境污染状况随之改善。与此同时，生产技术革新促进地区产业结构的转型升级，政府通过缩小高污染、高能耗工业企业的发展空间以及出台优惠政策支持技术密集型企业等方式，推动第二产业向第三产业转移，调整并优化资源消费结构，从而降低环境污染排放。另一方面，环境规制强度提升通过影响居民消费行为，进而降低环境污染水平。环境规制强度提升给居民传递了更完善、更具体的环保信息，有利于提升居民的节能和环保意识，通过影响居民的消费行为和企业的生产行为，进而起到降低环境

污染的效果。

基于以上分析可知：地方政府环境注意力有利于增加地方政府生态环境治理投资，提高环境规制强度，地方政府环境规制强度提高将影响企业生产和居民消费行为，通过影响能源消费结构和能源消费效率，进而影响能源消费和碳排放总量。

地方政府环境注意力的减排效应与环境分权有关。环境污染和环境治理面临的权责不明晰是造成我国环境质量下降的重要影响因素，而环境分权恰好能解决此问题，促进企业和居民的环境注意力提升，进而影响能源消费、能源结构和能源效率，从而降低环境污染水平。环境污染的负外部性、环境治理的正外部性、中央政府与地方政府的信息不对称及其博弈、地方政府和公众环境治理积极性不高是环境治理需要继续解决的关键问题。河长制视域下地方政府环境注意力将显著提升，也意味着地方政府在一段时间的偏好将会发生变化，即地方政府将选择在环境公共事务中花费更多的劳动资本、物质资本和财政资本。地方政府倾向于将其所能调配的资金更多用于环境污染治理方面，持续增加城市环境基础建设投入以及传统污染型企业的更新改造投入，不断拓展环境治理投资渠道，完善投资方式，实现环境治理投入资金最大化利用，从而缓解环境污染状况。同时，地方政府环境注意力增加显著提高了地方政府关于环境监管和污染整治的积极性，同时体现出政府对生态环境治理的决心，促使地方政府在推进经济社会快速发展的同时着重关注生态环境问题，防止地方政府过度追求经济增长而忽略环境保护责任，能够有效限制对环境造成破坏的企业生产经营活动，严格管控污染排放超标的企业项目，进而达到降低环境污染水平的目的。另外，环境分权背景下地方政府为了使自己辖区内经济社会水平达到最优、居民生活质量不断提高、政绩成效不断显著，地方政府将提高其环境注意力，最后降低环境污染水平。

基于以上分析，我们得到一点启示：环境分权背景下地方政府对环境污染和环境治理的关注度更高，环境分权将提高地方政府环境注意力的减排效应，如图3-1所示。

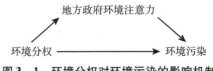

图3-1　环境分权对环境污染的影响机制

（二）数理模型

为深入研究政府制定的环境治理政策，本章构建数理模型分析在不同环境管理体制下，地方政府对环境问题的关注度如何影响地方政府官员的自身效用。鉴于河长制政策为环境分权管理体制创新的经典范例，且作为现阶段政府治理流域污染的重要方式，首先假定地方政府的环境管理体制选择范围为 $h \in \{0, 1\}$。其中，$h = 0$ 为地方政府实施河长制政策，$h = 1$ 表示地方政府不实施河长制政策。在考察期内，我国经济增长依然延续粗放型的经济发展模式，因而在一段较短的时间内河长制政策实施与否将会影响地区经济增长速度，本研究假定经济增长速度为：

$$v = v_0 + h\kappa \tag{3-1}$$

其中，v_0 为经济增长初始速度，当 $\kappa \phi 0$ 表示地方政府不实施河长制政策时，经济增长速度加快，当 $\kappa \leq 0$ 表示地方政府实施河长制政策时，经济增长速度变缓或者停滞不前。

假设地方官员的工作目标为实现其效用最大化，且其效用主要由官员政治晋升收益以及环境污染事件突发的政府官员惩办成本构成。自分税制改革以来，中央政府主要通过制定以 GDP 为核心的考核体系考察地方政府相对排名的高低，以此作为当地政府官员是否获得职位升迁的参考。在这种机制下，地方官员若受到较强的政治晋升激励，会不断加快本地区经济发展，而忽视生态环境和地区资源禀赋，此时地方政府能够获得较高的晋升收益；地方官员所受到的政治晋升激励较弱时，若此时地方政府选择降低环境监管标准所能获得的晋升收益较低，再加上中央政府加大对地方环境污染事件的惩治力度，地方官员往往会偏向于本辖区环境保护和治理（周黎安，2004）。

地方官员晋升收益与经济增长速度密切相关，随着地区经济快速发展，地方官员获得职位升迁的概率较大，即地方官员晋升收益与经济增长速度存在正向关系（Li and Zhou，2005）。此外，地方政府的注意力是有一定限度的（文宏，2018），在传统的 GDP 考核机制下，地方政府对环境污染问题关注程度提高，表明地方官员将其有限的精力和时间放在环境领域，意味着较大比重的地方政府注意力由地区经济增长速度转移至环境监管和污染治理上，因此随着地方政府环境注意力的提升，地方官员晋升收益在不断减少。借鉴白营和龚启圣（Bai and Kung，2014）的做法，假定政府晋升收益函数为：

$$\upsilon = \alpha + \ln \frac{v}{v + z} \tag{3-2}$$

其中，v 为地区经济增长速度，z 为地方政府对环境问题的关注程度。对式（3-2）进行一阶求导，可得 $\frac{\partial v}{\partial v}\phi 0$，$\frac{\partial v}{\partial z}\pi 0$。

近几年，中央政府通过调整地方政府的政绩考核标准，不断加大对环境指标监管力度，并严厉惩处发生环境污染事件地区的政府官员。假定环境污染事件发生后地方官员的惩办成本为 b，环境污染事件爆发的概率为 p，并认为是否实施河长制政策与本地区环境污染的起始水平均对污染事件爆发概率 p 产生影响，那么环境污染事件发生概率为：

$$p = p_0 + h\omega \qquad (3-3)$$

其中，$\omega\phi 0$ 为本地区最初环境污染水平，与 $h=0$ 时环境污染事件爆发概率 p 相比，$h=1$ 时的 p 值较高，即实施河长制政策降低了环境污染事件发生的概率。由于地方政府往往出于自身效用最大化的角度考虑决定是否实施某一项政策，参考金刚和沈坤荣（2019）的研究，假定地方官员的总效用来自政治上的晋升收益与环境污染的惩罚成本两个部分，将地方官员的效用水平 $U(h)$ 设置为：

$$\max U(h) = \alpha + \ln \frac{v_0 + h\kappa}{v_0 + h\kappa + z} - (p_0 + h\omega)b \qquad (3-4)$$

政府根据 $U(h=0)$ 与 $U(h=1)$ 的差异决定是否实施河长制，政府官员效用水平差异的表达式为：

$$\Delta U = U(h=0) - U(h=1) = \ln \frac{v_0}{v_0 + z} - \ln \frac{v_0 + \kappa}{v_0 + \kappa + z} + \omega b \qquad (3-5)$$

鉴于无法直观看出实施河长制与未实施河长制之间效用水平差异的大小，式（3-5）无法被直接分析利用，且本研究着重于效用差异的变化趋势，因此本研究将对 ΔU 进行一阶求导数：

$$\frac{\partial \Delta U}{\partial z} = \frac{1}{v_0 + \kappa + z} - \frac{1}{v_0 + z} \qquad (3-6)$$

从式（3-6）中可以看出，根据 δ 的不同可分为两种情形：一是实施河长制时 $\kappa \leqslant 0$，$\frac{\partial \Delta U}{\partial z} \geqslant 0$，即河长制视域下地方政府环境注意力将提升，而地方政府环境注意力与地方官员效用水平同方向变动，可能原因在于地方政府的注意力是有限度的，地方政府在某一事务上的注意力增加会引起对另一事务关注度的减弱；二是不实施河长制时 $\kappa\phi 0$，$\frac{\partial \Delta U}{\partial z}\pi 0$，表明在地方政府拒绝推行河长制政策这一水污染治理政策的情况下，地方政府环境注意力与地方官员效用水平呈负相关关系，意味着即使地方政府对环境问题高度关注，地方官员的效用水平也无法明显提升。

综上所述，相较于环境集权管理而言，地方政府更倾向于在辖区内实施环境分权管理（推行河长制）政策，事实上，河长制已在全国范围内推广，并成为全国性的水环境治理措施，这与河长制政策实施的有效性相印证。此外，河长制政策实施会促使地方政府将注意力聚焦到环境保护和污染治理问题上，地方政府提高对环境相关事务的注意力，地方官员效用水平也会随之提升。

二、环境分权与环境污染：地方政府环境治理竞争

（一）理论分析

区域间环境治理的策略互动行为与其主体地方政府息息相关，中国环境政策执行的一个极其重要的特性就是地方政府间环境治理策略互动行为，这归结于地方政府竞争理论（张华，2016），且其表现形式分为两大类：第一类是策略互补型的支出竞争，也称为"模仿性竞争"，存在两种形式，即两方环境治理支出都降低的行为，或者两方环境治理支出都增加的行为。第二类是策略替代型的支出竞争，也称为"差别化竞争"，同样存在两种形式，即一方增加环境治理支出，另一方减少环境治理支出；一方减少环境治理支出，另一方增加环境治理支出的行为（张彩云等，2018），这种策略性竞争会导致"竞相到底"和"竞相向上"两种结果，其内在机理可归纳为溢出效应和竞争效应。具体而言，溢出效应是基于环境污染与环境治理存在的负外部性和正外部性，即本地区环境污染加重，相邻地区的污染也会加重，若本地区增加环境治理投入，相邻地区的污染也能得到控制。作为理性经济人的地方政府会基于私利动机产生"搭便车"的行为，享受相邻地区公共品外溢效应带来的福利，这就导致了策略替代型的竞争，即一方增加环境治理投入的同时另一方减少环境治理投入，以及策略互补型竞争，即两方都减少环境治理的投入。而竞争效应主要是关于资源的竞争，环境规制的提升会造成企业成本的提高，地方政府为了本地区的经济发展考虑会相应放松环境规制门槛，这就导致了策略互补型竞争，产生"逐底竞争"的结果。

在中国长期的财政分权、政治集权体制下，地方政府间策略互动行为是源于政治激励展开的，绩效考核是地方官员晋升的主要指标，地方政府可能为了晋升而以绩效考核为目标展开竞争，形成"政治锦标赛"，导致地方政府为了追求经济绩效而忽视环境保护（周黎安，2007），也就是所谓的"GDP争夺赛"，在这个竞争中，地方政府对环境、教育等见效慢、

投资大的民生项目投入较少，而对生产性或者第二产业等能更快带来财政收入的项目投资较多，出现了"重基础设施、轻公共服务"的财政结构扭曲现象（傅勇，2010），以具有负外部性的环境污染为代价。另外，地方政府为了追求本地区的经济利益，吸引更多的外商直接投资，往往会采用劣质的竞争手段即降低环境管制准入标准，相应地，相邻地区可能会模仿其实施的环境规制强度，也即以其为标尺来制定环境规制度，最终导致环境规制失效，陷入"囚徒困境"的"趋劣竞争"（张华，2016），如果地方政府加强环境规制强度，会出现外溢效应，相邻地区可能出于免费"搭便车"的行为动机，减少相应的环境治理支出，最后环境治理投入低于最优水平，同样形成了趋劣竞争的结果。

在环境分权体制下，地方政府成为各地区的主要负责人，最重要的是权责明晰，即环境污染和环境治理等问题的产生以及相关的治理程序、措施这些责任都下放到各级地方政府，这也影响了地方政府对环境问题的关注度，从而影响了地方政府的行为（李强，2018），改变了地方政府早期的唯GDP论，从而改善了地方政府间的逐底竞争现象，进而提高环境治理效果。环境分权管理明晰了地方政府环境的主体权责，有助于避免"你治理，我不治理""我污染，你治理"以及"多投放，不治理"的行为选择，从而能有效避免地方政府在环境治理上逐底竞争的行为现象，能促使整个环境治理工作的有序推进，保证环境质量的提升。另外，中国经济持续发展的背后是众多高耗能、高排放企业所带来的环境污染的巨大代价，这倒逼中央政府不得不关注环境问题，如2008年将环保总局调整为环保部以应对严重的环境污染问题，在环境分权制度下，逐渐将环境保护列入地方政府政绩考核，实行一票否决制和问责制，地方政府对环境问题的态度发生很大转变，其环境治理的积极性提高（宋英杰等，2019），相应加大环境治理力度，同时加大环境监管力度，对本地区的相关企业制定较高的环境标准，实行严格的监督机制，促使地方政府间的劣性竞争逐渐减缓，地方政府从治理竞争逐步变成竞争合作，这更有利于环境治理的有效性，也是改善环境治理效率的重要方面（李强，2018）。

基于以上分析可知：环境分权下，地方政府环境治理的责任加大，改变了以往"搭便车"的行为动机，而且环境问题的凸显也倒逼中央高度重视环境治理工作，对企业实行"高标准、严监督"，使得逐底竞争行为逐渐弱化，"逐顶竞争"行为得到强化，促进了地方的环境治理。

（二）数理模型分析

在上述理论分析基础上，借鉴贝斯利和凯斯（Besley and Case, 1995）

的研究，通过政治委托—代理框架、声望方程和地方政府环境治理投资反应方程三者结合，分析在环境分权下地方政府在环境治理上的策略竞争行为。

1. 政治委托—代理框架

在构建标尺竞争模型中，委托人（即选民）是中央政府，代理人是省级政府。假定中央政府是"理想主义者"，他的目标是实现环境质量的最优化，其负责制定相应的政策并委托省级政府完成环境污染的治理工作。若用于考察和规范代理人的方式是连任，中央政府通过比较地方政府环境治理投资情况来分析是否存在寻租行为和地方政府官员的连任情况。假定地方政府 i 提供的环境治理投资为 W_i，由本级政府提供的部分税收 $\lambda m_i y_i$ 和中央政府提供的转移支付 TR_i 构成，但地方政府也可能基于地方经济考虑，在基础建设上有相应的支出 t_i，故地方政府环境治理投资的支出方程为：

$$W_i = \lambda m_i y_i + TR_i - t_i \qquad (3-7)$$

其中，λ 为税率，m_i 为税收比率，y_i 为随机的产出水平。另参照贝斯利和凯斯（1995）的研究，假定获得连任的政府官员面临的最优化问题为：

$$V_t^i(r_{it}) = \max_{W_{it}} \{ V^i(r_{it}) + \sigma p_i \times E[V_{t+1}^i(r_{i,t+1})] \} \qquad (3-8)$$

其中，$V(\cdot)$ 为官员效用函数且 $V^i(r_{it}) = r_{it}$；σ 为折现因子；$E(\cdot)$ 为期望算子；p_i 为中央继续任用地方官员 i 的概率，即声望方程。若 r_i 和 p_i 呈现反比关系，即当期强烈的寻租行为意味着下期连任概率较低，故式（3-8）揭示了地方政府官员会基于连任机制在高租金和连任之间权衡对比。

2. 声望方程

标尺竞争模型的关键是声望方程的设定（Revelli，2005），核心是在中央政府的管辖下，中央政府可通过相邻地区环境治理投资来判断地方政府的相对努力程度，从而决定官员是否留任。然而，随着当下环境污染的加重，环境问题备受关注，因此中央不断采取分权的管理体制，在环境分权下，某个地方官员留任情况不仅要考虑本地区环境治理投资，也要考虑其他相邻地区的环境治理投资，故声望方程为：

$$p_i = p(W_i, W_{-i}) \qquad (3-9)$$

其中，W_{-i} 为给定其他地区环境治理投资，W_i 为本地区环境治理投资，p_i 为官员留任概率。另采用 probit 来表示地方官员连任概率，即：

$$p(W_i, W_{-i}) = prob(Z_i'\alpha + b_1 W_i + b_2 W_{-i} > -\varpi_i)$$

$$= \Phi\left[\left(Z_i'\alpha + b_1 W_i + b_2 W_{-i}\right)/\delta_{\varpi}\right] \qquad (3-10)$$

其中，$\Phi(\cdot)$ 为标准正态分布的累积分布函数；ϖ_i 服从期望为 0 方差为 σ_{ϖ}^2 的正态分布；Z_i 为影响中央政府决策的其他变量。进一步假定 $b_i > 0$ 表示当相邻地区环境治理投资为 W_{-i} 时，地区 i 环境治理投资越大，该地区官员连任概率较大；否则，结果相反。

3. 地方政府环境治理投资反应方程

在给定声望方程的基础上考虑地方政府环境治理投资最优化问题。将式（3-10）和式（3-7）代入式（3-8）中，并对其求一阶导，可得到：

$$1 = \left(b_1/\sigma_{\varpi}\right) \times \phi\left[\left(Z_i'\alpha + b_1 W_i + b_2 W_{-i}\right)/\sigma_{\varpi}\right] \times \delta \times E\left[V_{t+1}^i\left(r_{i,t+1}\right)\right]$$
$$(3-11)$$

其中，$\phi(\cdot)$ 为标准正态分布的概率密度函数，对其求反函数得到：

$$b_1 W_i = -b_2 W_{-i} - Z_i'\alpha + \sigma_{\varpi}\phi^{-1}\left(\frac{\sigma_{\varpi}}{b_1\delta E\left[V_{t+1}^i\left(r_{i,t+1}\right)\right]}\right) \qquad (3-12)$$

若采用线性逼近 $-Z_i'\alpha + \sigma_{\varpi}\phi^{-1}\left(\dfrac{\sigma_{\varpi}}{b_1\delta E\left[V_{t+1}^i\left(r_{i,t+1}\right)\right]}\right) \cong X_i'\theta + \eta_i$，那么会得到地方政府环境治理投资最优反应方程：

$$W_i = R\left(W_{-i}; X_i; \eta_i\right) = \varphi W_{-i} + X_i'\beta + \varepsilon_i \qquad (3-13)$$

式（3-13）中 $\varphi = -(b_2/b_1)$；$\beta = \theta/b_1$；$\varepsilon_i = \eta_i/b_1$；$X_i$ 为一组地区 i 的特征变量；η_i 为随机扰动项。观察到 b_1 和 b_2 异号，因此 $\varphi > 0$，这说明某一地方政府在环境治理上的投资会受到周边地区的影响，意味着地方政府环境治理行为已经由策略替代型转变为策略互补型。因此，在环境分权的作用下，地方政府在环境治理上采取的投资行为不再仅仅考虑当地的经济发展状况，导致环境公共品投入力度不足的现象出现，而是会参考周边地区的环境治理决策，呈现模仿性的环境治理行为，即地方政府在环境治理上的投资行为逐渐由策略替代型转变为策略互补型。

综合以上分析可知，环境分权通过影响地方政府行为，其中，地方政府环境注意力和地方政府环境治理竞争是两个重要影响方面，进而影响我国环境污染水平。

第四节　本　章　小　结

本章首先对财政分权理论、环境联邦主义理论、外部性理论、产权理论、公共产品理论、博弈论和环境注意力进行详细的梳理。其次，对我国环境治理实践进行了系统梳理，探讨了我国环境分权治理的影响。最后，通过理论分析和数理模型构建相结合的方法，从地方政府环境注意力和地方政府环境治理竞争两个方面揭示了环境分权影响环境污染的作用机制。具体而言，一方面，相较于环境集权而言，环境分权背景下地方政府对环境污染和环境治理的关注度更高，有利于增加地方政府生态环境治理投资，提高环境规制强度，进而降低地区环境污染水平。另一方面，中国早期的财政分权体制下，地方政府的主要目标是追求经济的快速增长，忽视了环境污染等问题，甚至在环境治理上出现了"逐底竞争"的行为特征，但是在环境分权体制下，不仅能直接促进区域的环境污染治理，而且能通过改善地方政府的竞争行为促进环境的污染治理。

第四章　环境分权对环境污染的
影响研究

环境政策究竟应该由中央政府制定还是地方政府制定、中央政府的环境政策效应与地方政府环境政策效应孰优孰劣，其本质是关于环境分权和环境集权的问题，环境政策的实施及其效应是现有文献研究的热点问题。有鉴于此，本章首先系统阐释河长制与环境污染之间的关联，探究环境分权对环境污染的影响机理，在此基础上，实证研究环境分权的减排效应，并从变更变量、模型和数据等多维度进行稳健性检验，使研究结论更为稳健可靠。

第一节　引　　言

改革开放以来，粗放型增长模式在促进经济飞速发展的同时，也不可避免地给我国的资源和环境带来巨大压力，环境污染问题日趋严重。节能减排是生态文明建设的重要突破口，也是解决环境问题、建设美丽中国的必经之路。党的十九大报告指出，要把污染防治作为三大攻坚战之一，坚持全民共治、源头防治，打赢蓝天保卫战。因此，如何提升环境治理效率，改善环境质量已成为现阶段政府部门和学界亟待解决的关键问题。

环境污染不断加剧的根源何在？直观上来看，中国式财政分权和环境污染的外部性是影响环境污染的重要原因。1994 年分税制改革以来，财政分权激发了地方政府对政治晋升的竞争追逐热情，相比于具有流动性和负外部性特征的环境污染，地方政府官员更热衷投资经济性公共物品，减少环境治理等非经济性公共物品项目支出，这在一定程度上加剧了环境污染水平。尽管中央政府高度重视环境污染问题，但我国环境污染未能得到有效治理，预示着中央政府对环境治理的政策效果不明显（Oyon，2005）。如前面所述，中央政府是环境政策的制定者，地方政府是环境政策的执行者，中央政府对地方政府的监管、考核是影响环境治理效率的重要因素。政策层面对中央政府如何监管地方政府的行为、如何考核地方政府环境治理绩效关注不多，特别是由于环境污染和环境治理的溢出效应，使"多排放、少投入""我污染你治理"成为地方政府的占优策略，导致了地方政府在环境治理上的策略互动行为（赵霄伟，2014），也加剧了我国环境治理的难度。此外，我国的生态环境治理多呈"碎片化"特征，政策层面就如何建立环境治理的跨区域联动机制涉及较少，环境污染和环境治理具有明显的外溢效应和空间关联性特征，这无疑加剧了地方政府在环境治理中的竞争（李胜兰等，2014），因此，建立跨区域的环境治理协同机制至关重要。

国外文献对环境治理问题关注较早，主要沿着两条主线展开：一是基于庇古税理论，提出采用政府干预的手段，例如通过征税和补贴方式来解决环境污染面临的外部性问题，进而形成了正式环境规制理论；二是基于科斯定理，提出通过市场机制来解决环境污染问题，借助分权制度、许可证交易制度、排放权交易制度等市场力量，使环境污染的外部性问题内部化，进而形成了非正式环境规制理论。从我国环境治理实践来看，中央与地方政府是我国环境政策的制定者，也是环境政策的主要实施者，在我国环境治理中承担了重要任务。那么，环境政策究竟应该由中央政府制定还是地方政府制定、中央政府的环境政策效应与地方政府环境政策效应孰优孰劣，其本质是关于环境分权和环境集权的问题。

目前，环境分权和环境集权问题受到学界的广泛关注，如祁毓和卢洪友等（2014）从环境分权、环境行政分权、环境监测分权和环境监察分权等维度构建了中国环境分权指数，实证研究了环境分权对我国环境污染的影响效应，发现环境分权与我国环境污染之间呈倒"U"型关系，不同环境分权对我国环境污染的影响具有异质性，对我国不同区域环境污染的影响效应也有差异。随后，一些文献从不同维度对环境分权的污染减排效应进行探讨，但研究结论尚未达成一致。第一类研究认为，地方政府重新定义国家政策和实施管理实践更符合当地的需求和利益，有利于地方政府制定更符合地方实际的环境规制政策，降低环境污染水平（Falleth and Hov-ik，2009），研究并不支持"逐底竞争"观点（Sigman，2014）。第二类研究认为，分权管理并没有产生更好的经济效益，反而加剧了地方环境污染（Oyon，2005）。那么值得思考的是，影响环境分权减排效应的关键因素是什么？陆远权和张德钢（2016）指出，环境分权背景下地方政府与企业之间的合谋是增加碳排放的重要因素，而且随着政府层级数量的增加，环境分权的执行效果会大打折扣（盛巧燕、周勤，2017）。为了避免内生性问题造成的模型估计偏差，张华等（2017）从构建多种环境分权表征方法、采用动态面板模型、结构方程模型进行估计等方面进行了研究，结果表明环境分权会加剧我国的环境污染水平，而环境"垂直管理"体制更有利于治理我国的环境污染。

综上所述，学界就环境分权和环境集权问题的研究成果颇丰，但也存在一些不足：一是在环境分权概念和内涵界定上，较少文献界定环境分权的概念及其本质，不同文献中环境分权的概念和内涵也有所不同，尚未形成相对统一的环境分权概念及其表征指标体系；二是现有文献采用不同实证研究方法实证检验了环境分权的减排效应，但是就环境分权是如何影响环境污染这一关键问题关注较少，缺少从理论层面阐释环境分权影响环境污染内在机理的研究。理论与现实均表明，需要从新的视角解决我国的环境污染问题。"河长制"作为环境治理领域的一项制度创新，为我国环境治理提供了新的思路，可以将河长制对水污染的影响扩展到环境分权对环境污染的影响研究中。首先，河长制背景下环境治理的责任完全下放到地方政府，地方政府既是环境治理政策的制定者，也是执行者，进一步明确了地方政府环境治理的主体地位，有利于规避中央政府与地方政府之间在环境治理上的博弈，从而解决环境污染的外部性问题。其次，河长制进一步明确了地方政府是环境治理的主体，通过明晰责权的方式影响地方政府在治理上的竞争，有助于建立跨区域的环境污染治理联动机制，提高环境污染治理效率。有鉴于此，本章拟从我国当前的河长制制度创新出发，阐释河长制与环境分权两者之间的内在关联，对河长制视域下环境分权的概念及其内涵进行界定，研究视角较为新颖。最后，从地方政府行为视角系统阐释环境分权影响我国环境污染的内在机理，构建环境分权影响环境污染的总体研究思路，在此基础上，通过理论分析与实证研究相结合的方法，实证研究环境分权对我国环境污染的影响效应，比较分析环境分权与环境集权的污染减排效应，也为我国环境治理提供相应的政策支持。

第二节 理论分析与研究假说

正如前面所言，环境分权在明晰中央政府与地方政府、地方政府与地方政府之间的环境治理权责关系方面贡献突出，有利于优化我国生态环境质量，那么，环境分权影响环境污染的内在机理何在？有鉴于此，本节从地方政府行为角度探究环境分权影响环境污染的内在机理，主要思路为环境分权→地方政府行为→环境污染。具体而言：

首先，河长制视域下环境分权通过明晰权责的方式影响地方政府对环境污染和环境治理的关注度，即环境分权影响地方政府行为。正如前面所言，环境污染具有显著的负向外溢效应，地方政府在环境污染上的治理具有显著的正向外溢效应，因此，环境污染和环境治理外溢效应的存在是影响地方政府环境治理动力的重要因素，通过影响地方政府对环境治理的投入，导致地方政府在环境治理上的策略互动行为（张华，2016）。特别是，在中国当前的环境治理体制下，中央政府是我国环境治理政策、环境治理目标的主要制定者，也承担了环境监管的职责，而环境治理的主体是地方政府，地方财政收入是环境治理投资的主要来源，中国式财政分权背景下经济快速增长是地方政府追求的首要目标，中央政府与地方政府的目标不一致会削弱地方政府环境治理投资的积极性，进而不利于我国生态环境的进一步优化。此外，中央政府与地方政府之间的信息不对称也是影响我国环境污染的另一关键因素。归根结底，环境污染和环境治理方面的权责不明晰是影响我国环境质量的关键因素。与此相对应的是，河长制背景下中央政府将环境治理的责任下放到地方政府，地方政府成为环境治理的第一责任人，既是环境政策的制定者，也是环境政策的执行者，接受中央政府的监督和考核，通过明晰权责的方式有利于解决环境污染和环境治理具有的信息不对称问题。因此，河长制视域下环境分权提高了地方政府在环境问题上的关注度，即环境分权会对地方政府行为产生影响。基于以上分析，提出以下研究假说：

H1：河长制的本质是环境分权，通过明晰权责的方式有利于解决环境污染和环境治理具有的信息不对称问题，进而对地方政府行为产生影响。

其次，环境分权视域下地方政府影响环境污染可以从以下两个维度展开：一是影响地方政府在环境治理上的投入和地方政府在环境治理上的竞合关系，进而影响碳排放总量。具体而言，河长制视域下环境分权会影响地方政府对环境污染治理方面的投入。环境分权视域下地方政府成为环境治理的主体，既是环境政策制定者，也是环境政策的执行者，中央政府则成为环境监管的执行者，势必会加大对地方政府的监管力度。而且，环境分权视域下环境质量成为中央政府考核地方政府及其领导人的重要指标，中央政府将提高对地方政府生态环境的监管力度，加大环境治理投资成为地方政府的占优策略，地方政府也会加强环境准入管理，严控高污染产业的审批。同时，由于加大环境治理投资成为地方政府的必然选择，这也有利于区际间环境治理协同机制的建立，共同治污。在此背景下，经济发展和环境质量提升是地方政府面临的双重约束，加大环境治理力度成为地方政府需要考虑的重要事项，这在一定程度上会影响我国的环境质量水平。

此外，河长制视域下环境分权会影响地方政府在环境治理上的竞合关系。环境污染的负向外溢效应、环境治理的正向外溢效应以及中央政府和地方政府的目标不一致是影响我国环境污染的重要因素，也会导致地方政府在环境治理中出现相互"模仿"的行为，加剧地方政府在环境治理方面的竞争（赵霄伟，2014），进而降低我国的环境质量。与此相对应的是，河长制视域下中央政府将环境治理的责任下放到地方政府，环境治理成为中央政府考核地方政府的重要方面，环境治理也成为地方政府需要完成的目标任务，激发了地方政府环境治理的积极性。由于环境污染和环境治理方面的外溢效应，导致环境治理效果不甚理想，促使地方政府逐步从环境治理竞争向环境治理合作转变，环境治理合作成为地方政府环境治理的重要方向，而这恰恰是影响环境治理效率的重要因素。因此，河长制视域下通过影响地方政府在环境治理上的竞合关系，进而提高环境治理效率。

二是环境分权背景下地方政府在制定经济发展、产业结构、城镇化发展方面决策时必须考虑环境约束问题，有利于转变经济发展方式，降低能源消费总量，进而提高环境质量。河长制视域下地方政府成为环境治理目标、环境治理政策以及环境治理路径的主要推动者，典型的例证是，近年来，我国排放权交易试点工作有序推进，长三角地区率先进行了排放权交易试点，其他地区的排放权交易平台也陆续启用。国内学者的研究表明，排放权交易有助于降低我国的能源消费和碳排放总量（闫文娟等，2012），我国试点的排放权交易制度总体上是有效的（李永友、文云飞，2016），而排污税与研发补贴的结合是实现我国经济与环境协调发展的有效措施。环境分权背景下地方政府成为环境治理的主体，具有更为强烈的环境治理意愿，地方政府对环境污染的监管力度不断提高，环境规制强度不断提高。现有文献的研究结果表明，经济快速增长是加剧我国环境污染的重要因素，两者之间呈倒"U"型关系。与此相对应的是，在地方政府成为环境治理主体的背景下，经济发展和环境治理成为地方政府需要完成的重要目标任务，为了加大环境治理力度，转变经济发展方式、促进产业转型与升级、淘汰落后产能势必成为地方政府需要解决的关键问题，有利于降低我国的能源消费和碳排放总量。此外，一般情况下，短期内环境规制会增加企业的负担，从而抑制企业的创新行为，降低产业竞争力；但从长期来看，合理的环境规制反而能够激发被规制企业进一步优化资源配置、提高生产技术水平，产生创新补偿效应，提高产业竞争力（Porter et al.，1995），也有利于提高我国的全要素能源效率。基于以上分析，提出以下研究假说：

H2：环境分权通过影响地方政府在环境治理上的投入和地方政府在环境治理上的竞合关系，进而影响碳排放总量。同时，地方政府在进行经济发展、产业结构、城镇化发展方面决策时必须考虑环境约束问题，有利于转变经济发展方式，降低能源消费总量，进而提高环境质量。

第三节　模型构建、变量设定与数据说明

一、模型设定

为了实证考察环境分权对我国环境污染的影响效应，参考祁毓等（2014）、李强和高楠（2016）等学者的经验研究，建立如下计量模型：

$$POLLUTION_{it} = \beta_0 + \beta_1 POLLUTION_{it-1} + \beta_2 ED_{i,t} + \beta_3 CONTROL + \varepsilon_{it}$$

$$(4-1)$$

其中，被解释变量 $POLLUTION$ 表示环境污染水平，通过构建环境污染综合指数得到。ED 表示环境分权，$CONTROL$ 为影响环境污染的其他控制变量，下标 t 表示时间单元，ε_{it} 为模型的随机扰动项，β_i 为模型的待估参数。

二、变量设定

被解释变量（环境污染）。现有文献对环境污染的表征方法较多，其中"三废"（废水、废气和固废）排放是环境污染的常用表征方法。为了全面测度环境污染水平，本章将构建包括工业废水排放量、工业废气排放量、工业烟尘排放量、工业粉尘排放量、工业二氧化硫排放量、工业固体废弃物排放量等六大指标的环境污染指数。在对六个变量数据进行标准化的基础上，采用较为客观的熵值法确定各变量的权重矩阵，经过计算得到我国各地区的环境污染综合指数，用 $POLLUTION$ 表示。

解释变量（环境分权）。本章涉及的环境分权是指中央政府将环境治理的责任下放到地方政府，赋予地方政府环境治理方面的一定自主权，既承担环境治理的责任，又享有环境治理所带来的收益分配权，而中央政府

承担环境监管、解决地方政府之间环境纷争的责任。现有文献对环境分权的探讨不多，学者对环境分权的研究尚处于起步阶段，其中，祁毓等（2014）的研究中对环境分权的表征具有一定代表性，他们采用地方环保人员占全国环保人员的比重表征环境分权，首先采用这一做法构建如下环境分权指数（ED）：

$$ED_{it} = \left[\frac{LEPP_{it}/POP_{it}}{NEPP_{t}/POP_{t}}\right] \times \left[1 - (GDP_{it}/GDP_{t})\right] \qquad (4-2)$$

式（4-2）中，$LEPP_{it}$ 表示第 i 省第 t 年的环保系统人数，$NEPP_{t}$ 表示第 t 年全国环保系统人数，POP_{it} 表示第 i 省第 t 年人口规模；POP_{t} 表示第 t 年全国总人口规模，GDP_{it} 表示第 i 省第 t 年国内生产总值；GDP_{t} 表示第 t 年全国国内生产总值。

控制变量。经济增长是影响环境污染的重要因素，现有文献主要围绕环境库兹涅茨曲线对两者的关系展开探讨（彭水军、包群，2006），因此用各省（区、市）人均地区生产总值表示经济增长，用 GDP 表征。同时，考虑到经济增长与环境污染之间的非线性关系（许广月、宋德勇，2010），进一步将经济增长变量和经济增长变量的二次项同时引入模型，用于考察经济增长对我国环境污染的非线性影响。产业集聚式发展是促进我国经济快速增长的重要因素，同时也给我国的生态环境带来了巨大挑战（王翌、秋张兵，2017），将产业结构引入模型，用第三产业产值与国内生产总值之比予以衡量，用 INDUS 表示。城镇化进程的快速推进是我国近年来经济社会发展的显著特征，也是影响我国环境污染的关键要素（林伯强和刘希颖，2010），城镇化用城镇化率表示，用 URBAN 表征。自然资源是实现经济增长的关键要素，但资源开发对生态环境的影响较大，资源型城市的环境污染问题愈发明显。李强和高楠（2017）的做法是利用采掘业从业人员占全部从业人员的比重表示资源禀赋，用 NR 表征。有什么样的制度，就有什么样的经济行为，制度环境既是影响经济增长的关键要素，也是影响环境污染的重要变量。参考李强和魏巍（2015）的做法，通过构建政策优惠指数①表征制度环境，用 INS 表示。进出口贸易的快速发展是促进我国经济增长的重要因素，也是影响我国环境污染的关键因素（沈国兵、张鑫，2015），将进出口贸易引入模型，用于考察对外开放对我国环境的影响，用各省（区、市）进出口贸易总额与其地区生产总值之比表示，用 OPEN 表征。

---

① 受篇幅所限，这里没有给出政策优惠指数的构建方法，有兴趣的读者可向作者索取。

三、数据说明

本章选取的是 2000～2015 年我国省级面板数据，由于西藏数据缺失较多，因而被排除在样本之外，因此实证研究的省级面板数据包括 16 年的时间序列 30 个截面单元数据，共计 480 个样本观测值。环境污染综合指数中的 6 大基础指标数据来源于《中国环境统计年鉴》和《中国环境年鉴》。[①] 环境分权指数构建及其衡量方法前面已有介绍，数据同样来源于《中国环境统计年鉴》和《中国环境年鉴》，这里不再赘述。控制变量中，经济增长、城镇化、产业结构、资源禀赋、制度环境和对外开放数据来源于《中国统计年鉴》，个别缺失时间通过查阅各省（区、市）统计年鉴和统计公报予以补齐。

第四节　环境分权对环境污染影响的实证研究

内生性是影响模型估计结果的重要因素，也是宏观经济研究中常见的问题，内生性的产生主要有两个方面的原因：一是宏观经济研究中的解释变量和被解释变量相互影响，互为因果关系；二是遗漏重要解释变量也常见于宏观经济研究中，如果遗漏的解释变量与其他解释变量相关，这将导致模型中的随机干扰项与解释变量相关，进而产生内生性问题。为了避免内生性影响模型估计结果，本研究利用动态面板模型进行研究。差分GMM 估计方法仅对差分方法进行估计而易于损失部分信息，因此，为使估计结果更为稳健，本章采用对水平方程和差分方程同时进行估计的系统GMM 估计方法进行估计，水平方程的工具变量用差分变量的滞后项表示，差分方程的工具变量用水平变量的滞后项表示。受异方差的影响，两步法估计结果比一步法更为稳健。动态面板模型必须进行随机干扰项的序列相关和工具变量有效性检验，表 4 - 1 中最后三行报告了检验结果，表明随机干扰项不存在二阶自相关问题，所有工具变量的标准也是有效的。

---

① 环境污染和环境分权数据来源于《中国环境年鉴》和《中国环境统计年鉴》，这两部年鉴的最新版本为 2018 年版（2017 年数据），但是，2018 年和 2017 年年检统计口径发生一些变化，环境环境分权、行政分权、环境监察分权、环境监测分权等指标数存在大量缺失情况，而且，《中国环境统计年鉴》缺少 2000 年和 2001 年数据，因此，本部分实证研究的部分数据以我国 30 个省（区、市）2002～2015 年省级面板数据为主。

表 4 - 1　　　　　　　　　　　　　计量结果

模型	(1)	(2)	(3)	(4)	(5)	(6)
被解释变量	环境污染	环境污染	环境污染	环境污染	环境污染	环境污染
估计方法	SYS-GMM 两步法	SYS-GMM 两步法	SYS-GMM 两步法	SYS-GMM 两步法	SYS-GMM 两步法	SYS-GMM 两步法
$L. POLLUTION$	0.917 *** (91.55)	0.883 *** (72.10)	0.856 *** (20.01)	0.874 *** (23.55)	0.902 *** (29.96)	0.877 *** (50.09)
ED	− 0.052 *** (− 6.16)	− 0.035 *** (− 13.09)	− 0.060 *** (− 3.89)	− 0.058 *** (− 3.66)	− 0.047 *** (− 4.55)	− 0.051 *** (− 3.18)
GDP	0.0002 (0.51)	− 0.002 *** (− 3.21)	0.005 *** (7.25)	0.006 *** (8.25)	0.005 *** (3.26)	0.011 *** (4.45)
GDP^2	− 0.00003 (− 0.76)	− 0.0003 *** (− 6.31)	− 0.001 *** (− 7.92)	− 0.001 *** (− 7.99)	− 0.001 *** (− 4.56)	− 0.001 *** (− 5.25)
$INDUS$		0.222 *** (24.41)	0.207 *** (15.44)	0.228 *** (11.13)	0.217 *** (6.13)	0.202 *** (4.78)
NR			0.017 *** (8.59)	0.017 *** (7.57)	0.015 *** (7.72)	0.018 *** (10.31)
$OPEN$				− 0.018 *** (− 9.03)	− 0.020 *** (− 10.21)	− 0.009 * (− 1.80)
$URBAN$					0.013 (0.73)	0.005 (0.17)
INS						− 0.0005 ** (− 2.49)
$\_CONS$	0.109 *** (9.22)	0.040 *** (4.13)	0.066 * (1.68)	0.045 (1.47)	0.016 (0.69)	0.048 * (1.93)
N	450	450	450	450	450	450
AR (1)	0.0021	0.0017	0.0023	0.0021	0.0020	0.0022
AR (2)	0.2088	0.3463	0.2036	0.2145	0.2311	0.2104
$Sargantest$	1.0000	1.0000	1.0000	1.0000	1.0000	1.0000

注：括号里数字为每个解释变量系数估计的 $t(z)$ 值，*** 、** 、* 分别表示在1%、5%和10%的显著性水平上显著，下同。

表 4 - 1 的动态面板回归结果显示，环境分权变量在1%的显著性水平上为负，表明相较于环境集权而言，环境分权更有利于减少污染物的排

放，从而在一定程度上抑制环境污染。如前面的理论分析所言，我国环境政策的主要制定者和主要执行者分别是中央政府和地方政府，中央政府和地方政府的目标不一致，中央政府对地方政府环境治理监管的缺失是影响环境治理效果的重要因素。河长制作为一种完全的环境分权制度，将环境治理的责任全部下放到地方政府，地方政府既是环境政策的制定者，也是执行者，有利于彻底解决环境治理中中央政府和地方政府之间目标不一致和信息不对称问题，进而提高环境治理效果。控制变量方面，经济增长变量系数为正，经济增长二次项系数为负，并通过了显著性检验，表明经济增长与我国环境污染之间呈倒"U"型关系，我国省级层面存在环境库兹涅茨曲线效应。产业结构和资源禀赋系数在1%的显著性水平上显著为正，表明产业结构、资源开发是加剧我国环境污染的重要因素，意味着推进产业转型升级、降低对资源型产业的依赖是提高我国环境质量的重要手段。城镇化对我国环境污染的影响系数显著为正，表明城镇化进程的快速推进不利于我国环境质量改善，这与现有学者的研究结论一致（林伯强和刘希颖，2010）。研究还发现，对外开放和制度变迁与环境污染呈显著负相关，表明发展外向型经济、优化制度环境是我国降污减排的重要路径。

第五节　环境分权影响环境污染的稳健性检验

一、环境分权其他表征方法的检验

为了进一步探究环境分权对我国环境污染的影响效应，本节从环境行政分权、环境监察分权和环境监测分权三个维度①构建环境分权指数进行稳健性检验，以使本研究结论更为可信。借鉴祁毓等（2014）的研究，用地方环境监测人员与全国环境检测人员之比表征环境分权指数，其中，*EAD*、*EMD* 和 *ESD* 分别表示环境行政分权、环境监察分权和环境监测分权，数据来源于《中国环境统计年鉴》和《中国环境年鉴》，具体计算过程如下：

---

① 在我国，中央政府与地方政府在环境治理权利划分上，主要涉及环境政策制定、环境治理投资、环境设施、环境监测和环境监察等方面。从我国环境治理实践来看，行政、监察和监测方面的分权是中央与地方环境分权的主要表现形式，也是现有文献关注的焦点问题。另外，考虑到数据的可得性，主要从环境行政分权、环境监察分权和环境监测分权三个方面探究环境分权的减排效应。

$$EAD_{it} = \left[\frac{LEAP_{it}/POP_{it}}{NEAP_t/POP_t} \right] \times \left[1 - (GDP_{it}/GDP_t) \right] \qquad (4-3)$$

$$EMD_{it} = \left[\frac{LEMP_{it}/POP_{it}}{NEMP_t/POP_t} \right] \times \left[1 - (GDP_{it}/GDP_t) \right] \qquad (4-4)$$

$$ESD_{it} = \left[\frac{LESP_{it}/POP_{it}}{NESP_t/POP_t} \right] \times \left[1 - (GDP_{it}/GDP_t) \right] \qquad (4-5)$$

式（4-3），式（4-4）、式（4-5）中，$LEAP_{it}$、$LEMP_{it}$、$LESP_{it}$ 分别表示第 i 省第 t 年的环保行政人数、环保监察人数和环保监测人数，$NEAP_t$、$NEMP_t$、$NESP_t$ 分别表示第 t 年全国环保行政人数、全国环保监察人数和全国环保监测人数，其他变量含义同式（4-2）。本研究用解释变量的一阶滞后项作为解释变量的工具变量，利用系统广义矩估计方法进行回归，这里重点分析表4-2中的模型（2）、模型（4）、模型（6）的回归结果。

表 4-2   稳健性检验

模型	（1）	（2）	（3）	（4）	（5）	（6）
被解释变量	环境污染	环境污染	环境污染	环境污染	环境污染	环境污染
估计方法	SYS-GMM 两步法	SYS-GMM 两步法	SYS-GMM 两步法	SYS-GMM 两步法	SYS-GMM 两步法	SYS-GMM 两步法
L. POLLUTION	0.899 *** (36.85)	0.910 *** (39.12)	0.847 *** (25.28)	0.872 *** (28.09)	0.909 *** (51.54)	0.880 *** (61.81)
EAD	-0.032 *** (-2.92)	-0.022 ** (-2.42)				
EMD			-0.040 *** (-4.49)	-0.031 *** (-3.22)		
ESD					-0.031 *** (-6.33)	-0.036 *** (-4.81)
GDP	0.004 (1.01)	0.006 *** (3.15)	0.002 (1.58)	0.006 *** (3.09)	-0.0009 (-0.00)	0.004 *** (2.63)
GDP^2	-0.001 ** (-2.14)	-0.001 *** (-3.96)	-0.000 *** (-3.06)	-0.001 *** (-4.23)	-0.0004 * (-1.80)	-0.001 *** (-3.67)
INDUS	0.187 *** (6.22)	0.147 *** (3.51)	0.153 *** (5.73)	0.176 *** (7.17)	0.159 *** (3.27)	0.155 *** (6.75)

模型	(1)	(2)	(3)	(4)	(5)	(6)
NR	0.012 *** (9.06)	0.014 *** (11.43)	0.012 *** (7.34)	0.013 *** (7.51)	0.012 *** (7.13)	0.015 *** (9.84)
OPEN	− 0.017 *** (−7.09)	− 0.017 ** (−2.48)	− 0.022 *** (−7.88)	− 0.013 *** (−2.78)	− 0.020 *** (−9.29)	− 0.011 ** (−2.35)
URBAN	0.004 (0.13)	0.001 (0.03)	0.003 (0.19)	− 0.002 (−0.11)	0.065 *** (3.19)	0.060 * (1.95)
INS		− 0.0002 (−1.53)		− 0.0004 ** (−2.47)		− 0.0004 *** (−3.50)
_CONS	0.025 (0.91)	0.024 (0.80)	0.087 ** (2.22)	0.054 (1.59)	0.006 (0.31)	0.039 *** (2.73)
N	450	450	450	450	450	450
AR (1)	0.0027	0.0025	0.0025	0.0019	0.0025	0.0028
AR (2)	0.2617	0.2518	0.2978	0.2869	0.2458	0.2347
Sargantest	1.0000	1.0000	1.0000	1.0000	1.0000	1.0000

模型（2）回归结果显示，环境行政分权变量的系数显著为负，意味着行政上的环境分权对我国环境污染有着显著的抑制作用，表明环境分权对于优化我国环境、实现绿色发展具有重要意义。控制变量方面，产业结构、资源禀赋和城镇化加剧了我国的环境污染，而经济增长、制度变迁、对外开放和创新有益于我国环境改善。

模型（4）和模型（6）的回归结果显示，环境监察分权和环境监测分权变量系数均在1%的显著性水平显著为负，说明监察上和检测上的环境分权均具有降低环境污染的积极效应。本章证实了环境行政分权、环境监察分权和环境监测分权均有利于减少环境污染，因此，在今后我国的环境治理进程中，中央政府应将环境治理的各种权利全部下放到地方政府，实施彻底的环境分权制度，类似于20世纪90年代初的分税制改革，将财政收支的权利全部下放到地方政府，激发了地方政府之间的竞争，最终促进了地方财政收入和区域经济的快速增长。此实证研究对推进我国的环境治理、河长制实施提供了重要的政策指导意义。其他控制变量的影响效应与模型（2）回归结果基本一致，这里不再赘述。

二、基于市级面板数据的稳健性检验

长江经济带作为我国的经济发展重心，也面临着"重化工围江"、大气污染、土壤污染等一系列严峻的环境污染问题。2020年11月，习近平总书记在江苏省南京市主持召开的全面推动长江经济带发展座谈会上强调，要坚定不移贯彻新发展理念，推动长江经济带高质量发展，谱写生态优先绿色发展新篇章，使长江经济带成为我国生态优先绿色发展主战场、畅通国内国际双循环主动脉、引领经济高质量发展主力军。有鉴于此，本部分基于长江经济带城市面板数据，进一步验证环境分权对环境污染的影响效应。

（一）模型构建

本部分构建多重面板数据模型实证研究环境分权对区域环境治理的影响。参考沈坤荣等（2018）的做法，采用双重差分法构建以环境污染为核心被解释变量，以环境分权为核心解释变量，探讨环境分权对环境污染的直接影响效应，模型构建如下：

$$POLLUTION_{it} = \alpha_0 + \beta_1 ED_{it} + \beta_2 CONTROL_{it} + \varepsilon_{it} \qquad (4-6)$$

（二）变量选取

1. 环境治理指标

本书采用环境污染综合指标作为核心的被解释变量，基于数据可获得性和准确性，参考向莉（2018）的思路，消除因存在排污量较高地区对应的社会总产出可能最高的影响，选取单位GDP废水排放量、单位GDP二氧化硫排放量、单位GDP工业烟（粉）尘排放量三个基础指标，通过熵值法合成环境污染指数来表征环境污染。

2. 环境分权（*ED*）

前述环境分权的表征也存在一些不足，主要体现在：一是地方环境人数占比越高并不一定意味着环境分权程度越高，其原因有很多，比如环境污染问题严重等；二是该指标和分母并无关系，即对于不同地区而言，全国环境人数一样的，其比值并不能很好反映分权的内涵。另外，环境规制政策制定的内生性问题是影响环境政策实施效果评估的关键因素。为此，探索环境分权的衡量方法是本章的一个关键问题。从我国环境治理实践来看，水污染治理是我国较早实施环境分权改革的领域。自2007年江苏太湖蓝藻事件以来，河长制在地方环境治理中得到推广，并成为地方政府环境治理的重要举措，也取得了一定成效①。仔细分析不难发现，河长制的本质是环境分权。为此，本章通过手工收集整理我国各省（区、市）河长

---

① 2016年12月11日中共中央办公厅、国务院办公厅印发了《关于全面推行河长制的意见》，明确要求各级地方政府在2018年底前全面建立"河长制"。

制的数据以表征环境分权，同时，也为采用双重差分法评价环境分权的减排效应（准自然实验）提供了重要支撑。具体而言，参考沈坤荣和金刚（2018）的做法，主要通过两个渠道来收集数据资料，严格进行交叉验证获得的，首先是通过百度百科以及各地级市的官方信息网站检索各地区哪年颁布的官方文件，哪年开始实施河长制相关信息；其次是通过在中国知网搜索"河长制"关键词，检索文献中出现的关于河长制实施情况的信息，手工整理各地级市的相关河长制推行信息。

3. 地方政府竞争（COM）

现有文献关于地方政府竞争变量主要有外商直接投资和 GDP 两种衡量方式，本章基于外商直接投资是地方政府竞争的主要表现形式，不仅是当地政府为促进经济增长而采取的重要手段，也是其为争夺资本、劳动力等资源的重要手段，因此参考刘建民等（2015）的方法表征地方政府竞争，采用当地的外商直接投资与 GDP 的比重衡量。

4. 控制变量

（1）财政分权（FD）。

现有文献大多采用财政收入、支出以及财政自主度来测算，基于一个地区的财政自主度是地方环境决策的主导力量，也决定了其环境治理的力度大小，特别在中央和地方双重领导下，各级地方政府对地方环保部门的干预作用也逐渐加强，因此，参考李强等（2017）和陆凤芝等（2019）做法，以财政自主度作为其度量指标，采用财政收入与 GDP 的比值来表示。

（2）经济发展水平（GDP）。

一个地区经济发展水平越高，其居民对环境质量的要求越高，相应地，地方政府也越发关注地区的环境污染情况，在环境治理上也越发努力，但是也存在经济发展水平越高，工业规模不断扩大，造成污染更严重，环境治理更加困难的情况，总之经济发展水平对环境治理产生重要影响，因此将其引入模型，参考李强等（2017）选取 GDP 作为经济发展水平的衡量指标。

（3）人口密度（POP）。

通常人口多少对环境治理产生两种作用力：一种是人口密集的地区，人们活动频繁，排污较多，其环境承载能力较大，环境治理较困难；另一种则是人口密集地，污染物更易引起居民注意，如果居民的环保意识强，环境治理也更加容易。本章参考李子豪（2017）和张彩云等（2018）采用单位平方公里人数表示人口密度。

（4）受教育程度（*EDU*）。

一般来说，受教育程度越高的人群对环境质量的需求和偏好越高，更愿意积极参与环境保护活动，促进环境质量改善。因此本研究将受教育程度作为控制变量引入模型，参考徐志伟（2016）采用每十万人在校大学生人数表征。

（5）产业结构（*INDUS*）。

现有文献表明地区的环境治理与产业结构有关系，地区若以工业为主要生产力，则该地区的环境污染越严重，环境治理可能更困难，若主要以第三产业为经营主力，其环境污染状况可能会较好，因此引入产业结构指标，测度地区的产业变化对环境治理的影响作用，参考邹璇（2019）以产业结构高级化表征，采用以第三产业增加值占第二产业增加值比重表示。

（三）数据说明

基于数据的可获取性，本章的实证研究选取长江经济带 108 个城市的市级数据，数据横跨年份为 2005～2018 年，共计 1512 个样本。样本指标除核心指标外，其余数据无特别说明，基本来自《中国城市统计年鉴》、中经网统计数据库，缺失数据采用年限平均法进行补齐，数据处理基本在 Stata 中完成。

（四）基准回归模型

本部分主要基于长江经济带 108 个城市 2005～2018 年数据采用面板模型探究环境分权与环境污染的关系，由于核心解释变量为 0 和 1 的哑变量，故采用双重差分法（DID）进行实证研究，在回归前，进行豪斯曼检验，模型结果拒绝随机效应的原假设，因此采用固定效应进行逐步回归分析。结果分析如表 4-3 所示，其中模型（1）是环境分权（*ED*）变量当期的模型结果，模型（2）至模型（4）是环境分权（*ED*）变量滞后 1～3 期的模型结果，模型均采用双向固定模型进行检验，使得结果更加稳健。

表 4-3   基准模型回归结果

模型	（1）	（2）	（3）	（4）
被解释变量	环境污染	环境污染	环境污染	环境污染
估计方法	FE 当期	FE 滞后一期	FE 滞后二期	FE 滞后三期
ED	－ 0.00700 （－1.21）	－ 0.00651 （－1.18）	－ 0.00905 * （－1.88）	－ 0.0107 * （－1.82）

模型	（1）	（2）	（3）	（4）
FD	-0.0244 (-0.95)	-0.0267 (-1.19)	-0.0191 (-0.91)	-0.0214 (-1.05)
GDP	0.00728 (0.92)	0.00736 (1.27)	0.00722* (1.80)	0.00695** (2.32)
POP	-0.159 (-0.24)	0.101 (0.20)	0.203 (0.46)	0.487 (1.15)
EDU	-0.000336 (-0.01)	-0.00190 (-0.07)	0.000348 (0.01)	0.00191 (0.09)
INDUS	0.00352 (0.26)	0.00441 (0.40)	0.00866 (0.85)	0.0131 (1.29)
常数项	0.829*** (23.48)	0.845*** (29.99)	0.863*** (34.51)	0.868*** (36.08)
控制变量	控制	控制	控制	控制
地区效应	控制	控制	控制	控制
时间效应	控制	控制	控制	控制
观测值	1512	1404	1296	1188
R^2	0.546	0.506	0.459	0.426

表 4-3 报告了环境分权与环境污染直接的回归结果。从表中模型（1）至模型（4）中我们发现，环境分权的系数小于 0，并且滞后 2~3 期后变得显著，说明环境分权与环境污染呈现滞后的负相关关系，即表明河长制制度的实施对环境污染产生一定的正向影响，也就是说，环境分权更有利于降低环境污染水平，但是这种影响具有滞后性。此结论验证了假说3，与现有文献结论基本一致（李强，2018；沈坤荣等，2018；陆凤芝，2019），主要是因为分权式的环境管理模式下，相对于中央政府，地方政府对当地的情况了解更详细，即具备信息优势特征，地方官员能因地施策、因地治理，更有利于环境治理工作的推进，环境污染治理更有效，相应地，能够制订出更佳的政策方案，促进资源的最优配置，实现经济与环境的耦合发展。此外，分权下地方政府在环境政策制定及政策推行实施中都占有很大的自主权，也相当于赋予了地方政府一定的环境治理能力，特别是随着环境绩效指标逐渐纳入综合考核体系，地方政府面临着政治激励

和经济激励的双重考核，地方问责压力也加大，促使其环境管理力度显著增强，地方政府对环境的重视程度提高，逐渐形成了环境偏好的一种模式，这也对环境产生积极的正向影响作用，相应地，也加大了对环境的污染治理工作力度，对环境资金的投入更多，对不达标的企业的规制强度更高，环境污染得到控制，环境治理成效显著。

（五）区域异质性

长江经济带横贯我国东、中、西部三个区域，覆盖我国九省二市，各城市的历史条件、地理位置和经济发展水平等均存在显著差异，因此本章根据长江经济带划分为上游、中游和下游地区，进一步探讨环境分权对长江经济带不同区域环境污染的影响效应。具体的回归结果如表4-4所示。

表4-4 分区域模型检验结果

模型	（1）	（2）	（3）
被解释变量	环境污染	环境污染	环境污染
分区域	下游	中游	上游
ED	-0.00210 （-0.43）	-0.0183 * （-1.82）	0.0128 （0.73）
FD	0.0000415 （0.00）	-0.0209 （-1.29）	-0.0171 （-0.17）
GDP	-0.000392 （-0.01）	0.00685 （0.88）	0.0725 *** （3.70）
POP	-0.152 （-0.27）	0.386 （0.08）	-6.411 ** （-2.19）
EDU	0.0894 （1.50）	-0.0581 （-1.06）	-0.0215 （-0.31）
INDUS	0.0179 （0.62）	0.0106 （0.91）	0.0126 （0.37）
常数项	0.851 *** （17.41）	0.778 *** （4.19）	1.026 *** （9.00）
控制变量	控制	控制	控制
地区效应	控制	控制	控制
时间效应	控制	控制	控制
样本量	574	504	434
R^2	0.582	0.583	0.550

表 4 - 4 报告了长江经济带上游、中游、下游区域环境污染的回归结果。从表中可看出，长江经济带中、下游环境分权变量系数都为负，说明环境分权与环境污染呈现负向的关系，表明环境分权降低了长江中游、下游地区的环境污染水平，意味着在我国当下的环境治理过程中，实行分权式的环境管理模式是适宜的，而且河长制这种制度也是非常成功的实践模式（李强，2018），与已有结论基本一致。研究还发现，上游环境分权变量系数为正，这可能是因为存在地方政府因素影响环境分权对环境污染的治理效果，长江经济带上游区域经济发展水平不高，在当前以及未来很长一段时间内都是以发展经济、改善民生为主要目标，经济发展与环境治理的二元矛盾使环境分权政策效果不明显，具有滞后性，与已有结论基本一致；中游地区通过了显著性检验，上游、下游地区环境分权对区域的环境治理的影响不明显，表明中游区域的作用力更强，一方面可能是中游地区主要以工业生产为主，随着河长制制度的不断推行，其污染治理见效性更强，治理水平的效果更显著；另一方面可能是上游、下游地区都更侧重经济水平的提高，而中游地区不仅致力于经济发展水平的提高，还注意到环境污染状况，提高了对环境的治理能力和管理手段，其环境治理水平效果更好。控制变量方面，产业结构变量系数为正，但并不稳健，可能的原因是短期内第二产业向第三产业转型升级并未产生较好的效果，其余控制变量基本和基准模型一致，不再赘述。

（六）反事实检验

采用河长制的数据表征环境分权，此处参考范子英等（2013）的做法，采纳改变政策实施时间进行反事实检验，进一步验证模型的稳健性。除了实施河长制政策外，一些诸如排污权制度、五大发展理念等因素也可能导致环境治理效果的改变，而这种改变与河长制制度的推行无关，可能导致前面得出的结论不成立。为消除这类影响，假设河长制制度推行时间提前一年或两年，如果此时环境分权系数显著为负，则说明环境治理效果源于其他制度因素或随机性因素，而不是因为河长制制度的实施。反之，其系数不显著为负，则说明环境治理效果主要是因为河长制的实施。反事实结果如表 4 - 5 所示。

表 4 - 5　　　　　　　　　　反事实检验结果

模型	（1）	（2）	（3）	（4）
被解释变量	环境污染	环境污染	环境污染	环境污染
估计方法	FE 提前一年	FE 提前一年	FE 提前两年	FE 提前两年

模型	(1)	(2)	(3)	(4)
ED	-0.00598 (-1.07)	-0.00635 (-1.19)	-0.00304 (-0.63)	-0.00281 (-0.62)
FD		-0.0175 (-0.69)		-0.0169 (-0.65)
GDP		0.00701 (0.87)		0.00713 (0.89)
POP		-0.151 (-0.23)		-0.133 (-0.20)
EDU		-0.00276 (-0.08)		0.000429 (0.01)
INDUS		0.00303 (0.23)		0.00163 (0.12)
常数项	0.824*** (116.53)	0.829*** (23.32)	0.824*** (116.57)	0.829*** (23.27)
控制变量	未控制	控制	未控制	控制
地区效应	控制	控制	控制	控制
时间效应	控制	控制	控制	控制
样本量	1512	1512	1512	1512
R^2	0.545	0.546	0.545	0.545

表4-5报告了环境分权影响环境污染效应的反事实检验。表中模型（1）、模型（2）是将环境分权制度实施提前一年的检验结果，模型（3）、模型（4）是将环境分权制度实施提前两年的检验结果，可以看出，环境分权的系数为负，但并不显著，这表明环境治理效果并不是因其他因素造成的，而是源于河长制制度实施的结果，这一检验结果更加证明模型是稳健的。

第六节　本章小结

本章从我国河长制制度创新入手，从地方政府行为视角探究了环境分权影响环境污染的内在机理，在此基础上，基于我国 30 个省（区、市）（西藏除外）2000～2015 年省级面板数据，构建了环境分权和包括工业废水排放量、工业废气排放量、工业烟尘排放量、工业粉尘排放量、工业二氧化硫排放量、工业固体废弃物排放量等指标的环境污染指数，实证研究了环境分权对我国环境污染的影响效应。此外，本研究基于长江经济带市级面板数据进行了稳健性检验，进一步提高本研究结论的可靠性。主要结论如下：

（1）相较于环境集权而言，环境分权更有利于降低我国环境污染水平、提高环境质量。可以预期的是，随着河长制政策的实施，我国的生态环境将不断优化。

（2）引入环境行政分权、环境监察分权和环境监测分权的稳健性检验表明，行政上、监察上和监测上的环境分权均能够有效降低我国的环境污染水平，说明环境分权对我国环境污染的影响效应较为稳健。

（3）其他影响环境污染的因素方面，经济增长与我国环境污染呈倒"U"型关系，环境库兹涅茨假说成立。对外开放、制度变迁和科技创新对环境污染起到改善的作用，而产业结构、资源开发和城镇化不利于区域环境质量提升。

（4）基于市级层面的基准回归结果显示，环境分权与环境污染呈现滞后的负相关关系，表明环境分权对污染治理产生重要的积极作用，即分权后有利于环境治理，但这种影响具有滞后性。分区域的模型结果显示，中游地区通过了显著性检验，而上、下游地区环境分权对环境治理的影响效果不明显。反事实检验结果表明，环境改善并不是因其他因素造成的，而是源于河长制制度实施的结果，这一检验结果更加证明模型是稳健的。

第五章 环境分权对全要素能源效率的影响研究

降低能源消费量和提高能源使用效率是节能减排的两个重要手段，本书第四章着重探讨了环境分权对环境污染的影响，在此基础上，本章研究重点转向能源效率方面。具体而言，首先重点探究环境分权影响全要素能源效率的内在机理，基于我国 30 个省（区、市）省级面板数据，采用静态面板和空间杜宾模型实证研究环境分权对我国全要素能源效率的影响。其次，手动收集整理河长制数据，基于长江经济带 108 个城市面板数据进行再检验，进一步增强实证研究结果的稳健性。

第一节 引 言

我国是一个能源消费大国，但人口众多，能源相对比较匮乏，并且能源利用效率不高。为了使我国经济得到可持续发展，政府提出了要建设资源节约型、环境友好型社会，将减少环境污染、节约能源确定为我国的基本国策。因此，如何提高能源利用效率已经成为我国未来经济发展中亟待解决的一个重要难题。近年来，全要素生产率与环境问题也成为学界关注的热点（Jacobsen，2012），环境问题不断恶化与环境公共服务供给不足之间的矛盾是目前我国存在的主要问题，而不充分的环境公共服务供给则与我国分权制度下产生的环境分权问题密切相关。环境分权是有关政府实行环境治理的一项制度安排，中共十八届三中全会提出要建立起保护环境的相关制度，加大对环境保护管理制度的改革，而改革的核心是需要明确适合的环境分权水平，也就是环境保护职能在不同级次政府间的合理配置。分权体制的存在在我国渐进式、双轨制的改革中可以说是一个客观现象，2013 年以来，中央正积极推动分权体制的深度转型，政府对其也给予了高度关注，这主要是为了消除分权制度扭曲所带来的效率损失及资源错配，减少政府的一些不必要干预。那么，在当前我国环境分权体制下，环境分权对能源效率的影响效应究竟如何，是促进还是抑制？对该问题的回答不仅可以丰富我国环境治理理论的研究，还可以为当前河长制的推进提供智力支持。

现有文献对全要素能源效率展开了广泛而又深入的探讨，其中，全要素能源效率测度及其影响因素是国内外学者聚焦的经典议题。单指标测度和综合指标测度是全要素能源效率的两种常用评价方法，早期的文献主要采用单指标测度方法对全要素能源效率进行测度，随着全要素能源效率概念的提出（Hu and Wang，2006），全要素能源效率测度方法得到广泛采用，特别是随着DEA模型将污染排放物作为非期望产出纳入其中，以及随机前沿模型的广泛应用，使得出的结果更符合现实。屈小娥（2009）运用DEA－Malmquist生产指数测算了我国1990～2006年的全要素能源效率，研究发现中部和西部地区的全要素能源效率都远离效率前沿面，而东部地区却一直都在前沿面上，在2000年之前我国能源效率有着明显的收敛趋势，但在2000年之后其收敛趋势减弱。李国璋等（2010）采用基于投入导向规模报酬不变的DEA模型对我国整体、各省市及东、中、西部地区的全要素能源效率进行了测算，发现全要素能源效率在总体上呈上升趋势，并且从西向东逐步提升。另外，他们对全要素能源效率的收敛性进行了分析，发现我国西部地区的能源效率呈微弱发散趋势，但我国整体及东、中、西部地区呈稳态收敛趋势。何颖等（2014）利用SML指数对我国省际的全要素能源效率进行了测算，发现全要素能源效率在整体上呈上升趋势。王维国等（2012）利用序列DEA的方向距离函数与ML指数对我国各省份及东、中、西地区的全要素能源效率进行了计算，发现西部的全要素能源效率最低，中部次之，最高的为东部地区，且就收敛速度来说西部区域高于中部及东部区域。

全要素能源效率的影响因素方面，已有研究着重探讨了经济发展水平、产业结构、能源结构、技术进步及FDI等对能源效率的影响（沈能，2010；魏楚和沈满洪，2007；高辉和吴昊，2014；杨骞和刘华军，2015；王兆华和丰超，2015），这些因素虽然会影响能源效率，但制度性因素也会对能源效率产生重要影响，如果忽视制度性因素的影响，将很难从本质上解决我国高能耗且能源效率低下问题。环境分权是政府实行环境治理的一项重要制度安排，环境联邦主义理论认为，解决环境污染问题的关键在于环境保护职能在不同级次政府间的合理配置，而选择什么样的环境职能划分不仅要考虑环境事务的地区差异性，还需要考虑其外溢性。奥茨认为当存在明显的外溢效应时，环境政策应由地方政府来制定。他讨论的内容从本质上来说就是环境集权与分权管理的问题，可见选择什么样的环境管理体制对于环境污染的治理十分重要。综合现有相关文献发现，一部分研究是将财政分权近似代替环境分权来分析分权后地方政府的行为逻辑和结果（傅勇，2010；张克中等，2011），但如果用财政分权指标来代替环境分权将很难对地方政府的策略互动及环境治理行为进行深入分析。另外，环境事权的划分是一个动态的、均衡博弈的过程，导致环境分权这一指标无法用财政分权来准确度量。因此，近年来一些学者对环境分权的测度及环境分权与环境污染间的关系展开研究。祁毓等（2014）从环境分权、监察分权、行政分权以及监测分权四个维度实证研究了环境分权与环境污染之间的关系，发现环境污染与四类分权都是呈正相关关系。彭星（2016）则从产业结构升级视角对环境分权与产业结构升级及工业绿色转型之间的关系进行了实证分析，发现工业绿色转型与环境分权呈倒"U"型关系。

综上所述，关于环境分权对我国环境污染的研究在不断拓展中，但涉及环境分权与和全要素能源效率关系的文献较少，相关文献仅从微观层面考察了环境分权与企业生产率之间的关系，缺乏系统深入的研究。此外，国内外学者研究发现环境分权（Oates，2001）和环境污染具有明显的空间溢出效应，但其空间溢出效应的研究资料较为匮乏。相较于以往文献，本研究的边际贡献在于：一是引入探索性分析方法探究环境分权与全要素能源效率之间的空间相关性，采用空间杜宾模型实证研究环境分权对全要素能源效率的影响，分析环境分权对全要素能源效率的空间溢出效应。二是在研究视角上，考虑到环境分权对能源效率的非线性空间影响效应，计量模型中引入环境分权变量的二次项，用于考察两者之间的非线性效应。三是在研究深度上，采用静态面板、空间计量和双重差分相结合的方法，分别基于省级面板数据和长江经济带 108 个城市数据进行实证研究，并进行多维度的稳健性检验。

第二节　理论分析与研究假说

环境治理是采用分权还是集权制度的争论历久弥新。在 20 世纪中叶，蒂布特（1956）证实居民自由迁徙的"用脚投票"机制更有利于实现消费者偏好与政府公共物品供给达到最优匹配。西格勒（1957）提出与中央政府相比，地方政府与公众更加地接近，从而能够掌握更多有关当地居民的公共品需求和偏好的信息，并且各个地区间的居民对公共物品的需求也有所不同，如果由中央政府统一提供公共物品必然无法满足各个地区居民的不同需求。另外，分权制度有利于当地居民对政府行为实行直接监督，使其辖区政府可以提供合意的公共物品供给。奥茨（1972）认为，地方政府在分权管理的体制下比中央政府能够掌握更多的信息，并且分权管理使地方政府拥有更大的财政自由度，促使地方政府能够更好地管理当地的环境事务。加西亚和玛丽亚（Garcia and Maria，2007）利用西班牙各地区水资源治理跟踪调查报告，以1996～2001年为研究区间，设计出地方政府与中央政府的最优分权度，并指出在偏好具有强异质性的情况下分权治理是一种更优的选择。随着研究的不断深入，国内学者进一步探讨了环境分权与全要素能源效率之间的关系，如李强（2017）的研究在企业生产率提升决策模型中加入了环境分权这一影响因素，对环境分权与企业全要素生产率两者之间的关系进行了研究，研究发现地区企业全要素生产率与环境分权呈现倒"U"型关系。

事实上，环境分权从本质上来说是一种制度安排，其核心议题是注重环境标准在政府内部层级之间的设定主体选择及分权治理的执行效率等问题，但是这种制度安排会通过主体行为偏好与选择的传导机制，进而对能源利用效率产生影响。相比于中央政府，地方政府对本地的环境情况信息的获取能力更强，环境管理的分权体制有利于政府全面考虑当地的实际情况，制定符合地方实际的环境管理政策，促使地方政府管理当地环境事务更加地有效率。具体而言，环境分权首先会影响地方政府在经济发展与环境治理方面的决策，例如，地方政府环境规制强度提高、地方政府环境治理投入增加等，地方政府这些行为的变化将直接影响居民的消费和企业的生产行为，进而影响居民和企业的能源消费结构和能源使用效率。基于以上分析，提出以下研究假说：

假说1：环境分权视域下地方政府政策发生变化，通过影响居民的消费和企业的生产行为，进而影响我国全要素能源效率。

另外，在分权的管理体制下，地方政府更容易对环保事务进行监督管理，在积极发展经济的同时，大量技术要素的流入也会促进技术进步，进而影响能源的利用效率。提高能源利用效率是保障我国经济可持续发展的重要一环，随着时间的演进和技术的进步，地区之间的交流与联系也愈发密切，不同地区提高能源效率所采用的各种措施在影响本地区能源效率的同时，也会对其他地区的能源效率产生一定影响，因此，环境分权影响全要素能源效率。基于以上分析，我们提出以下研究假说：

假说2：环境分权在影响全要素能源效率的同时，也会影响相邻地区的全要素能源效率，环境分权的空间溢出效应也是本研究的一个重点。

第三节　模型构建、变量设定与数据说明

一、模型构建

本节将构建两个模型来考察环境分权对全要素能源效率的影响，第一个模型是在不考虑环境分权的空间溢出情形下，分析环境分权与全要素能源效率之间的直接关系，模型设定如下：

$$TFP_{it} = \beta_0 + \beta_1 ED_{it} + \beta_2 ED_{it}^2 + \beta_3 C_{it} + \varepsilon_{it} \qquad (5-1)$$

其中，TFP 为被解释变量，用来表示全要素能源效率，ED 为模型的解释变量，表示环境分权，C 表示控制变量，ε 为随机扰动项，i 代表省级截面单元，t 表示年份，β_0、β_1、β_2、β_3 均为待估参数。国内外大量文献研究表明，经济增长与环境污染呈非线性关系，并将两者关系总结归纳为环境库兹涅茨曲线，一些学者的研究表明也验证了该结论（李强，2017）。为此，本章将环境分权的二次项引入模型，用于考察环境分权对全要素能源效率的非线性影响。

第二个模型则考察环境分权的空间溢出现象，对两者之间的关系进行重新检验。关于选择空间计量模型的问题，本章分别采用空间杜宾模型、空间自回归模型和空间误差模型来检验环境分权与全要素能源效率二者之间的关系，模型设定如下：

$$TFP_{it} = \rho W TFP_{it} + \beta_1 ED_{it} + \theta_1 WED_{it} + \beta_2 C_{it} + \theta_2 W_{it} + \varepsilon_{it} \qquad (5-2)$$

其中，ρ、θ 为空间自回归系数，W 为空间权重矩阵，对于空间权重矩阵，本章采用了邻接空间权重矩阵，并且对这些矩阵进行了标准化处理。其中，邻接空间权重矩阵（用 W_1 表示）的元素在不相邻时取 0，在相邻时则取 1。其余参数含义同式（5-1）。

二、变量设定

被解释变量。全要素能源效率的测度参考李国璋等（2010）的做法，利用投入导向规模报酬不变的 DEA 模型来测算能源效率大小，用 TFP 表示。本章以国内生产总值作为合意产出，以环境污染作为非合意产出，而

作为投入要素的有资本、能源以及劳动。其中，劳动投入用各省（区、市）的就业人员数来表示，资本投入以固定资产投资总额表示，能源投入以各地区能源消费总量表示，环境污染指标则是将工业固体废弃物产生量、工业废气排放量、工业二氧化硫排放量、工业废水排放量、工业粉尘排放量以及工业烟尘排放量六种污染物利用熵值法进行合成得到的综合指数。数据都来自《中国能源统计年鉴》《中国环境年鉴》《中国环境统计年鉴》《中国统计年鉴》。

解释变量。关于环境分权的测算大部分文献都会利用财政分权来近似代替环境分权这一指标，然而环境事务本身具有其特殊性，使环境联邦主义不可能被财政联邦主义所替代。因此，本章参考祁毓等（2014）的做法，运用环境机构人员分布数据对环境分权进行衡量，这样的做法更能体现管理的本质，具有较强的可行性和适用性。计算公式如下：

$$ED_{it} = \left[\frac{LEPP_{it}/POP_{it}}{NEPP_t/POP_t} \right] \times \left[1 - (GDP_{it}/GDP_t) \right] \qquad (5-3)$$

其中，GDP_t 表示第 t 年全国国内生产总值；POP_t 表示第 t 年全国总人口数量；GDP_{it} 表示第 i 省第 t 年国内生产总值；POP_{it} 表示第 i 省第 t 年的人口数量；$NEPP_t$ 表示第 t 年全国环保系统人数；$LEPP_{it}$ 表示第 i 省第 t 年的环保系统人数。数据来源于《中国统计年鉴》和《中国环境年鉴》。

控制变量。除了环境分权变量之外，影响能源效率的因素还有很多。近年来，随着我国经济的快速发展，对能源的需求也急速增长，本书用人均地区生产总值（PGDP）表征经济发展水平，以此考察经济增长对能源利用效率的影响。不同产业结构对能源的消耗及利用率也有所不同，通常而言，高能耗产业占比越大的产业对能源的需求量越大，能源利用效率越低，采用第三产业产值与国内生产总值的之比衡量产业结构，用 INDUS 表示。现有研究表明，即使在没有任何资源增长的情况下，资源从（全要素）生产率低的部门向（全要素）生产率高的部门流动也能促进整个经济体的（全要素）生产率的提高（郭家堂等，2016）。而在城镇化过程中，劳动力从第一产业流向第二、第三产业，并且第一产业生产率远低于第二、第三产业，因此，城镇化是影响全要素能源效率的重要因素，本研究采用各省份非农业人口与城市总人口之比表征该地区的城镇化水平，用 URB 表示。此外，将外商直接投资作为控制变量，以当年实际使用外资金额占国内生产总值的比重表征，用 FDI 表示。

三、数据说明

鉴于数据的可得性，本研究选择我国分省数据，其中，由于西藏缺失多年数据而被排除在样本之外，因此，全部样本为我国30个省份，样本数据的时间跨度为2001~2015年。

第四节　环境分权对全要素能源效率影响的实证研究

一、基准回归

在进行基准回归之前，采用豪斯曼检验进行模型的选择，豪斯曼检验结果中 P 值为 0.5146，结果表明使用随机效应模型优于固定效应模型，因此本研究使用双项随机效应模型进行基准回归。此外，考虑到豪斯曼检验无法比较混合回归模型与随机效应模型的优劣，因此在回归中加入混合回归模型，具体情况见表 5-1。表 5-1 中的各种估计与检验是在不考虑环境分权的空间溢出情形下得到的结果，表 5-1 中模型（1）为混合 OLS 回归模型，模型（2）为控制时间效应和地区效应的双项随机效应模型，模型（3）为环境分权变量滞后一期的双项随机效应模型，模型（4）为在模型（3）基础上加入环境分权变量二次项的回归。

表 5-1　　　　　　　　　　　　基准回归结果

模型	（1）	（2）	（3）	（4）
估计方法	混合 OLS 模型	随机效应模型	随机效应模型	随机效应模型
核心解释变量 ED	当期	当期	滞后一期	滞后一期
被解释变量	TFP	TFP	TFP	TFP
ED	-0.032 *** (-2.78)	-0.032 *** (-2.84)	-0.042 *** (-3.32)	-0.083 *** (-2.62)
$PGDP$	-0.004 (-0.76)	0.001 (0.17)	0.002 (0.41)	0.003 (0.45)
$INDUS$	-0.003 * (-1.75)	-0.003 * (-1.73)	-0.003 * (-1.77)	-0.003 * (-1.80)
URB	0.347 *** (2.97)	0.285 *** (2.59)	0.270 ** (2.39)	0.274 ** (2.42)
FDI	0.311 (0.80)	0.426 (1.07)	0.422 (0.99)	0.451 (1.04)

模型	(1)	(2)	(3)	(4)
ED×ED				0.018 (1.50)
常数项	0.988 *** (19.05)	1.005 *** (18.34)	0.991 *** (17.18)	1.014 *** (16.90)
N	450	450	420	420
R^2	0.030	0.7877	0.7944	0.7948

注：括号里数字为每个解释变量系数估计的 z 值，***、**、* 分别表示在1%、5% 和 10% 的显著性水平上显著。豪斯曼检验报告的是 P 值。下表同。

表5-1中模型（1）至模型（3）的环境分权变量系数均小于零且都通过了1%的显著性水平检验，表明环境分权不利于全要素能源效率的提升。国内外大量文献研究发现，经济增长与环境污染之间呈非线性关系，并将两者关系总结归纳为环境库兹涅茨曲线，一些学者的研究表明也验证了该结论（李强，2017）。因此在模型（3）的基础上加上环境分权变量的二次项再次进行回归，回归结果见模型（4）。表5-1中模型（4）的环境分权变量系数依然小于零并且通过了1%的显著性水平检验，但是环境分权变量的二次项变量系数大于零，表明环境分权与全要素能源效率存在"U"型关系，当环境分权程度达到拐点之前，环境分权程度的提升将不利于全要素生产率的提高，但当环境分权增加到一定程度后，环境分权程度的提升会对全要素能源效率的提高起到促进作用。这意味着中央政府可以将一些环境相关事务更多地交给地方政府来负责，充分发挥地方政府所拥有的信息优势，更好地促进全要素能源效率的提高。观察表中环境分权变量二次项和一次项系数符号可知，本章所提出的研究假说部分已得到了验证。即环境分权会影响全要素能源效率，环境分权程度的提升将有利于全要素能源效率的提高，并且全要素能源效率与环境分权之间存在非线性关系。

控制变量方面。经济发展水平在模型（1）中为负，在模型（2）至模型（4）中为正，但是均不显著。表明经济发展水平并不是影响全要素能源效率主要因素。产业结构在模型（1）至模型（4）中均显著为负，表明产业结构不利于全要素能源效率的提升，这可能是因为当前产业结构中高能耗、高污染、高排放的产业占比较重，说明产业结构不合理，不利于全要素能源效率的提升，必须加快供给侧结构性改革，加速产业结构转型升级，转变经济发展方式，向经济高质量发展道路前进。城镇化在模型（1）至模型（4）中均显著为正，表明城镇化有利于全要素能源效率的提升，这与前面的理论说明相符。外商直接投资在模型（1）至模型（4）中均为正但不显著，表明外商直接投资对全要素能源效率的影响并不明显。

二、区域异质性

地理位置不同会导致经济社会发展产生巨大差异，上海、北京等地理位置较好的地区经济发展和资源环境等都受到了正面的影响，陕西、甘肃等地理位置较差的地区经济发展和资源环境等都受到了负面的影响，因此为了探究环境分权对全要素能源效率的区域异质性影响，将我国30个省份分为东、中、西三个区域，并对这三个区域分别进行回归，模型仍采用控制时间效应和地区效应的双项随机效应模型，具体回归结果见表5-2。其中，西部地区包括陕西、甘肃、青海、宁夏、新疆、四川、重庆、云南、贵州，中部地区包括山西、内蒙古、吉林、黑龙江、安徽、江西、河南、湖北、湖南，东部地区包括辽宁、北京、天津、河北、山东、江苏、上海、浙江、福建、广东、广西、海南。由表5-2中模型（1）至模型（3）可知，东部和西部的环境分权变量系数为负且通过了10%的显著性检验，中部的环境分权变量系数为正但不显著，表明东部和西部地区的环境分权政策显著降低了自身的全要素能源效率，中部地区的环境分权政策提升了自身的全要素能源效率，但不显著。由前面的分析可知，环境分权与全要素能源效率存在"U"型关系，当环境分权程度达到拐点之前，高水平的环境分权不利于全要素能源效率的提高，但当环境分权增加到一定程度后，环境分权程度的提升会促进全要素能源效率的提高。因此，东、中、西部地区应该进一步推进环境分权，实现全要素能源效率的有效提升。

表 5-2 区域异质性

模型	（1）	（2）	（3）
区域	东部	中部	西部
被解释变量	*TFP*	*TFP*	*TFP*
ED	-0.031 * (-1.67)	0.010 (0.43)	-0.052 * (-1.69)

模型	(1)	(2)	(3)
PGDP	-0.001 (-0.22)	0.014 * (1.73)	0.067 *** (2.80)
INDUS	-0.003 * (-1.90)	-0.001 (-0.67)	-0.000 (-0.19)
URB	0.373 *** (3.46)	-0.046 (-0.24)	-0.075 (-0.53)
FDI	-0.636 (-1.56)	2.811 ** (2.39)	3.424 *** (6.13)
常数项	1.072 *** (26.00)	0.955 *** (12.37)	0.949 *** (13.68)
N	180	135	135
R^2	0.8507	0.7466	0.8323

控制变量方面。东部地区的产业结构变量显著为负,城镇化变量显著为正,表明东部地区的产业结构不利于全要素能源效率的提升,而城镇化的推进却能够有效提升该地区的全要素能源效率。此外,东部地区的经济发展水平和外商直接投资两个变量为负但不显著,表明经济发展水平和外商直接投资对全要素能源效率影响较小。从中部和西部地区来看,经济发展水平变量显著为正,外商直接投资显著为正,而产业结构和城镇化系数为负但不显著,表明中部和西部地区的经济发展水平和外商直接投资对全要素能源效率会产生重要推动作用,而该地区的产业结构和城镇化对全要素能源效率的影响却并不明显。由此可以看出,不同地区所面临的发展阶段和发展任务不同,应该采取不同的侧重以推动本地区全要素生产率的提升。东部地区在推进环境分权的基础之上应该侧重于本地区的产业结构调整和城镇化进程,而中部和西部地区由于经济社会发展较为缓慢,应该在推进环境分权的基础之上侧重于扩大招商引资规模,提升外资利用水平,加快本地区经济发展水平。

三、空间计量估计

在进行空间模型估计之前,需要对全要素能源效率的空间自相关性进行检验，本章采用 Moran's I 指数检验其空间自相关性。表 5 - 3 为基于邻接空间权重矩阵的全要素能源效率 Moran's I 检验结果，从表中可以看出，Moran 统计值几乎为正数，另外部分的统计值通过了显著性检验。说明我国全要素能源效率的空间分布存在集聚性，并不是相互独立的。图 5 - 1 和图 5 - 2 分别表示 2001 年和 2015 年全要素能源效率的莫兰散点图，从图中可以看出，大部分省份位于左下方和右上方，这也意味着我国能源效率在空间分布上并不是相互独立的，而是具有较强的空间集聚性。

表 5 - 3   基于邻接空间权重矩阵的全要素能源效率 Moran's I 检验结果

年份	全局莫兰指数		
	I	Z	P
2001	0. 189	1. 944	0. 052
2002	0. 083	0. 970	0. 332
2003	0. 209	1. 964	0. 050
2004	0. 186	1. 810	0. 070
2005	0. 103	1. 108	0. 268
2006	0. 005	0. 323	0. 746
2007	- 0. 041	- 0. 058	0. 954
2008	0. 170	1. 647	0. 100
2009	0. 150	1. 480	0. 139
2010	0. 180	1. 736	0. 083
2011	0. 107	1. 151	0. 250
2012	0. 074	0. 883	0. 377
2013	0. 247	2. 279	0. 023
2014	0. 135	1. 400	0. 162
2015	0. 182	1. 743	0. 081

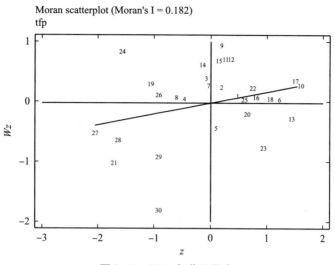

图 5 - 1　2001 年莫兰散点

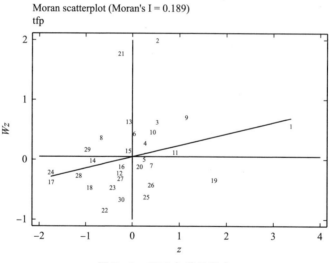

图 5 - 2　2015 年莫兰散点

进行基准回归之前，首先采用豪斯曼检验进行模型的选择。豪斯曼检验结果中 P 值为 0.0003，结果表明使用固定效应模型优于随机效应模型，因此采用基于固定效应的邻接空间权重矩阵进行空间杜宾模型、空间自回归模型和空间误差模型估计，具体估计结果见表 5 - 4。观察表 5 - 4 的估计结果可知，rho 和 lambda 都为正数，且均在未加入控制变量的情况下于 5% 的显著性水平下显著，环境分权变量系数也显著为正，表明全要素能源效率在空间分布上并不是相互独立的，而是具有空间依赖性。此外，本章分解了控制变量和解释变量对全要素能源效率的影响效应，表5－5为效应分解结果。

表5－4　　　　　　　　　　空间计量估计结果

模型	(1)	(2)	(3)	(4)	(5)	(6)
模型类别	空间杜宾模型（SDM）	空间杜宾模型（SDM）	空间自回归模型（SAR）	空间自回归模型（SAR）	空间误差模型（SEM）	空间误差模型（SEM）
被解释变量	*TFP*	*TFP*	*TFP*	*TFP*	*TFP*	*TFP*
ED	-0.040 ** (-2.17)	-0.026 (-1.43)	-0.022 (-1.54)	-0.032 ** (-2.27)	-0.025 (-1.64)	-0.032 ** (-2.26)
PGDP		0.002 (0.33)		0.002 (0.39)		0.002 (0.38)
INDUS		-0.003 *** (-3.24)		-0.003 *** (-2.98)		-0.003 *** (-2.97)
URB		0.286 *** (3.62)		0.274 *** (3.74)		0.277 *** (3.76)
FDI		0.534 * (1.71)		0.374 (1.31)		0.376 (1.30)
rho	0.132 ** (2.01)	-0.001 (-0.01)	0.130 ** (1.97)	0.028 (0.41)		
lambda					0.135 ** (2.05)	0.022 (0.30)
sigma2_e	0.011 *** (14.97)	0.010 *** (15.00)	0.012 *** (14.97)	0.010 *** (15.00)	0.012 *** (14.97)	0.010 *** (15.00)
N	450	450	450	450	450	450
R^2	0.003	0.028	0.001	0.029	0.001	0.029

表5－5　　　　　　　　　　空间效应分解

模型	(1)	(2)	(3)	(4)
效应	空间杜宾模型（SDM）	空间杜宾模型（SDM）	空间自回归模型（SAR）	空间自回归模型（SAR）
直接效应 *ED*	-0.039 ** (-2.07)	-0.025 (-1.36)	-0.021 (-1.46)	-0.032 ** (-2.18)

模型	（1）	（2）	（3）	（4）
溢出效应 ED	0.039 （1.36）	0.022 （0.74）	－0.003 （－1.02）	－0.001 （－0.43）
总效应 ED	0.000 （0.00）	－0.003 （－0.13）	－0.024 （－1.45）	－0.033 ** （－2.15）
控制变量	未控制	控制	未控制	控制

表5－5中，模型（1）至模型（2）和模型（3）至模型（4）分别反映了在邻接空间权重下空间杜宾模型和空间自回归模型回归中环境分权对全要素能源效率的总效应、溢出效应和直接效应。

在模型（1）至模型（2）中，未加入控制变量时，环境分权的溢出效应为0.039，直接效应为－0.039，总效应为0，空间溢出占比50.0%；加入控制变量时，环境分权的溢出效应为0.022，直接效应为－0.025，总效应为－0.003，空间溢出占比46.8%。在模型（3）至模型（4）中，未加入控制变量时，环境分权的溢出效应为－0.003，直接效应为－0.021，总效应为－0.024，空间溢出占比12.5%；加入控制变量时，环境分权的溢出效应为－0.001，直接效应为－0.032，总效应为－0.033，空间溢出占比3.0%。由空间杜宾模型（1）至模型（2）的结果可知，全要素能源效率受到邻近地区的环境分权政策的正向影响，也就是说邻近地区推行环境分权政策有利于本地区全要素能源效率的提升。由空间自回归模型（3）至模型（4）的结果可知，本地区的全要素能源效率会受到邻近地区的负向影响，也就是说邻近地区推行环境分权政策后反而不利于本地区全要素能源效率的提升。以上结果表明，不论是空间杜宾模型还是空间自回归模型，环境分权对全要素能源效率的影响均存在空间溢出效应，并且环境分权与全要素能源效率可能存在一种"U"型关系，在环境分权到达拐点之前，提升地区环境分权度将会对其他邻近地区全要素能源效率的提高起到抑制作用，但当环境分权到达一定程度之后，环境分权程度的提升将会对邻近区域全要素能源效率的提高起到促进作用，该结论验证了前面所提出的研究假说，即环境分权与全要素能源效率之间存在一种非线性关系，一定程度的环境分权将有利于全要素能源效率的提高，且这种效应具有"空间溢出"现象。

第五节　环境分权影响全要素能源效率的稳健性检验

本部分同样基于长江经济带城市面板数据进行再检验，进一步验证环境分权对全要素能源效率的影响效应。

一、变量选取

被解释变量：全要素能源效率。全要素能源效率的测度参考李国璋等（2010）的做法，利用投入导向规模报酬不变的 DEA 模型来测算能源效率大小，用 *TFP* 表示。本章以国内生产总值作为合意产出，以环境污染作为非合意产出，而作为投入要素的有资本和劳动。其中，劳动投入用各地级市的就业人数来表示，资本投入以固定资产投资总额表示，环境污染指标则是将工业废水排放量、工业二氧化硫排放量、工业烟（粉）尘排放量三种污染物利用熵值法进行合成得到的综合指数。

解释变量：环境分权。现有文献对环境分权指标主要有三种测度方法：一是早期国外学者从法律制度和事实特征两个方面判别地方政府是否采用分权式的环境管理体制（Sigman，2005；Lutsey and Sperling，2008）；二是利用财政分权指标近似代替环境分权指标，但财政分权主要侧重于经济权利的划分，用其衡量环境分权并不准确（陆远权，2016）；三是采用地方政府环保机构人员分布情况测算环境分权指标，并将环境分权分为环境行政分权、环境监察分权、环境监测分权（祁毓，2014）。由于各地政府环保机构人员编制情况更能体现环境分权实质以及环境管理体制变化，因此被学者们广泛使用。鉴于地级市未公布环保机构人员数，且本项目研究对象为长江经济带 108 个城市，因此本章重新考虑选取污染治理政策河长制衡量环境分权。河长制表征环境分权的合理性以及具体测度过程在本书第三章中已有表述，这里不再重复说明。为考察环境分权对环境污染的影响，本章将 2003～2018 年长江经济带各城市是否推行河长制作为虚拟变量，由于长江经济带各城市实施河长制的时间存在差异，且 108 个城市于 2017 年底之前已全部实施河长制，因此，本章参考巴克（Thorsten Back，2010）的研究，将未实施河长制之时的地级市视为控制组，反之视作实验组。根据样本期内是否实施河长制设置分组变量 *CITY*，实施河长制的城市为 1，否则取 0，由于长江经济带所有城市在样本期内已实施河长制，故 *CITY* 值均为 1，同时根据地方河长制实施的年份不同，设置时间

变量 *YEAR*，地方在实施政策之前取值为 0，政策实施当年及之后取值为 1。*CITY × YEAR* 为分组虚拟变量和时间虚拟变量的交叉项，反映了环境分权对环境污染的净影响。

控制变量：在参考吴磊等（2020）、聂雷等（2020）学者的研究基础之上选择外商直接投资（*FDI*）、经济发展水平（*PGDP*）、教育支出水平（*EDU*）、产业结构升级（*IND*）作为控制变量。其中，外商直接投资（*FDI*）采用外商直接投资占 GDP 的比重表征，经济发展水平（*PGDP*）采用人均 GDP 表征，教育支出水平（*EDU*）采用教育支出占 GDP 的比重表征，产业结构升级（*IND*）采用第三产业产值与 GDP 的比重表征。

二、数据来源

本章使用长江经济带 2004～2018 年 108 个城市的样本数据，各指标数据来源于《中国城市统计年鉴》《中国环境年鉴》《中国环境统计年鉴》，部分缺失数据通过查阅各城市政府工作报告予以补齐。由于样本期内巢湖、毕节、铜仁缺失大量数据而被剔除在外，个别缺失的数据利用均值填补法补充完整。

三、模型设定

本研究构建以环境污染为被解释变量的多期 DID 模型：

$$TFP_{it} = \beta_0 + \beta_1 ED_{it} + \alpha X_{it} + \gamma_t + \mu_i + \varepsilon_{it} \qquad (5-4)$$

其中，下标 *i* 表示第 *i* 个城市，下标 *t* 表示年份，ED_{it} 为解释变量环境分权，用第 *i* 个城市第 *t* 年是否实施河长制政策的虚拟变量表征，若第 *i* 个城市 *t* 年已推行河长制政策，此时 $ED_{it} = 1$；反之，$ED_{it} = 0$，ED_{it} 即为 *CITY*（分组变量）以及 *YEAR*（时间变量）这两个虚拟变量的交叉项，ED_{it} 的系数 β_1 衡量了环境分权对环境污染的总效应。由于双重差分法主要看 *CITY* 与 *CITY* 交叉项的系数，为避免多重共线性，因而只保留 *CITY × YEAR*，省去 *CITY* 和 *YEAR*。TFP_{it} 为被解释变量全要素能源效率，γ_t 为时间固定效应，μ_i 为各城市的个体固定效应，X_{it} 为控制变量。

四、基准回归

进行基准回归之前，首先采用豪斯曼检验进行模型的选择。豪斯曼检验结果中 *P* 值为 0.2782，结果表明使用随机效应模型优于固定效应模型，因此本章使用双项随机效应模型进行基准回归。首先，通过表 5－6 中的模型（1）至模型（2）研究了环境分权对全要素的当期影响，研究结果显示，核心解释变量环境分权的系数均不显著，表明环境分权对全要素能源效率的提升无法产生影响。其次，政策的制定实施可能不会立即显现其作用，相关政府部门需要一定时间向公众宣传、推广，公众也需要一定时间理解、适应、消化政策信息并作出反应，因此考虑到环境分权政策的实施可能具有滞后性，通过表 5 – 6 中的模型（3）至模型（4）研究了环境分权对全要素的滞后一期影响，研究结果显示，核心解释变量环境分权的系数均显著为正，表明环境分权有利于全要素能源效率的提升。最后，通过表 5 – 6 中的模型（5）至模型（8）进一步研究了环境分权对全要素能源效率的滞后性影响，研究结果显示，滞后一期的环境分权系数显著，当期、滞后二期、滞后三期的环境分权系数均不显著，表明环境分权对全要素能源效率的滞后性影响不具有持续性，即环境分权对全要素能源效率的影响并不会随着时间的推移而提高。控制变量中外商直接投资和经济发展水平系数显著为正，表明外商直接投资和经济发展水平能够显著提升长江经济带全要素能源效率；教育支出水平和产业结构升级系数显著为负，表明教育支出水平和产业结构升级不利于长江经济带全要素能源效率的提升。

表 5 – 6 　　　　　　　　　环境分权对全要素能源效率的影响研究

模型	（1）	（2）	（3）	（4）
被解释变量	TFP	TFP	TFP	TFP
核心解释变量 ED	当期	当期	滞后一期	滞后一期
ED	0.001 (0.13)	− 0.001 (− 0.11)	0.022 ** (2.10)	0.019 * (1.70)
FDI		0.724 *** (5.05)		0.761 *** (5.20)
EDU		− 0.238 *** (− 3.12)		− 0.244 *** (− 3.05)
PGDP		0.004 ** (2.38)		0.003 (1.56)
IND		− 0.069 * (− 1.76)		− 0.072 * (− 1.82)
常数项	1.009 *** (113.36)	1.056 *** (49.39)	0.973 *** (107.99)	1.021 *** (51.53)
N	1620	1620	1512	1512
R^2	0.1312	0.1621	0.1386	0.1659

模型	(5)	(6)	(7)	(8)
被解释变量	TFP	TFP	TFP	TFP
核心解释变量 ED	当期	滞后一期	滞后二期	滞后三期
ED	-0.001 (-0.11)	0.019* (1.70)	0.016 (1.33)	0.005 (0.43)
FDI	0.724*** (5.05)	0.761*** (5.20)	0.803*** (5.31)	0.816*** (4.98)
EDU	-0.238*** (-3.12)	-0.244*** (-3.05)	-0.219*** (-2.74)	-0.197** (-2.30)
PGDP	0.004** (2.38)	0.003 (1.56)	0.002 (1.52)	0.003** (2.02)
IND	-0.069* (-1.76)	-0.072* (-1.82)	-0.072* (-1.79)	-0.066 (-1.52)
常数项	1.056*** (49.39)	1.021*** (51.53)	1.033*** (55.03)	1.027*** (48.60)
N	1620	1512	1404	1296
R^2	0.1621	0.1659	0.1634	0.1618

五、区域异质性

由于长江经济带范围覆盖我国 11 个省（市），且其上、中、下游城市之间因地理位置不同所导致的经济社会发展差异十分明显，为进一步验证基准回归结果的稳健性，将长江经济带 108 个城市分为上游、中游、下游三个区域，分别检验各区域环境分权对不同流域全要素能源效率的影响，并比较三个区域的回归结果。检验结果见表 5-7。由前述研究可知，环境分权对长江经济带全要素能源效率的当期影响不显著，本部分在分区域探讨异质性影响时也发现，环境分权对长江经济带全要素能源效率的当期影响不显著，为避免赘述，本研究不汇报当期回归结果，仅汇报滞后期回归结果。表 5-7 中模型（1）至模型（3）表明滞后一期的情况下，环境分权对长江经济带上、中、下游全要素能源效率的影响均不显著；模型（4）至模型（6）显示滞后三期的情况下，上游环境分权系数显著为正，中游不显著为正，下游不显著为负，表明环境分权有利于提升长江经济带上游全要素能源效率，并且环境分权对全要素能源效率的提升作用是自上游至下游逐渐衰弱，甚至变为阻碍作用。控制变量结果与前面研究结果大致相同，不再赘述。

表 5 - 7　　　　环境分权对全要素能源效率的区域异质性影响研究

模型	(1)	(2)	(3)
区域	上游	中游	下游
被解释变量	TFP	TFP	TFP
LED1	0.009 (0.40)	0.012 (0.91)	0.022 (0.93)
FDI	0.388 (0.81)	1.060 *** (4.41)	0.263 (1.19)
EDU	-0.258 * (-1.74)	-0.639 *** (-3.31)	-0.353 *** (-3.08)
PGDP	0.011 * (1.84)	0.000 (0.04)	-0.002 (-0.64)
IND	-0.142 * (-1.88)	-0.138 ** (-2.19)	0.088 (1.08)
常数项	1.030 *** (33.84)	1.078 *** (23.04)	1.048 *** (27.38)
N	434	504	574
R^2	0.1983	0.2756	0.1469
模型	(4)	(5)	(6)
区域	上游	中游	下游
被解释变量	TFP	TFP	TFP
LED1	0.020 * (1.67)	0.013 (0.65)	-0.015 (-0.55)
FDI	0.629 (1.26)	1.071 *** (3.19)	0.339 (1.29)
EDU	-0.197 (-1.28)	-0.572 ** (-2.17)	-0.267 ** (-2.19)
PGDP	0.010 (1.64)	0.000 (0.16)	-0.001 (-0.28)
IND	-0.146 * (-1.90)	-0.130 * (-1.78)	0.081 (0.82)
常数项	1.025 *** (27.67)	1.103 *** (20.98)	1.043 *** (24.11)
N	372	432	492
R^2	0.1939	0.2645	0.1471

六、排除其他事件干扰

本部分研究期限为 2004～2018 年，在此期间内，除了推行河长制政策以外，还包含五大发展理念（2015 年）的实施，因此，为排除五大发展理念对实证结果的影响，借鉴钱雪松（2018）的做法，引入是否实施"五大发展理念"的分组虚拟变量和实施时间虚拟变量的交叉项，通过控制此政策的实施检验环境分权对环境污染的影响，进一步验证研究结论的稳健性。将 $PLAN \times PERIOD$（即表 5-8 中 PP）变量作为控制变量进行实证检验，以排除五大发展理念对实证结果的干扰。具体地，$PLAN$ 为是否实施五大发展理念的虚拟变量，如果实施五大发展理念取值为 1，否则为 0，$PERIOD$ 变量为五大发展理念实施时间的虚拟变量，在 2016～2017 年取值为 1，否则为 0。表 5-8 中模型（1）和模型（2）分别为未加入控制变量和加入控制变量的检验结果，模型（3）和模型（4）分别为环境分权变量滞后一期未加入控制变量和加入控制变量的检验结果。模型（1）和模型（2）中环境分权变量不显著，模型（3）和模型（4）中环境分权变量显著为正，这表明在控制了五大发展理念的影响之后，环境分权对全要素能源效率的提升作用仍然显著存在。控制变量结果与前面基准回归结果基本一致，不再赘述。

表 5-8　　　　　　　排除其他事件干扰的稳健性影响研究

模型	（1）	（2）	（3）	（4）
核心解释变量 ED	当期	当期	滞后一期	滞后一期
被解释变量	TFP	TFP	TFP	TFP
ED	0.00111 （0.13）	-0.000994 （-0.11）	0.0216 ** （2.10）	0.0194 * （1.70）
PP	0.0832 *** （4.55）	0.0731 *** （3.60）	0.0987 *** （5.03）	0.0949 *** （4.45）
FDI		0.724 *** （5.05）		0.761 *** （5.20）
EDU		-0.238 *** （-3.12）		-0.244 *** （-3.05）
PGDP		0.00355 ** （2.38）		0.00260 （1.56）

模型	（1）	（2）	（3）	（4）
IND		−0.0693* （−1.76）		−0.0717* （−1.82）
常数项	1.009*** （113.36）	1.056*** （49.39）	0.973*** （107.99）	1.021*** （51.53）
N	1620	1620	1512	1512
R^2	0.1312	0.1621	0.1386	0.1659

第六节 本 章 小 结

首先，本章基于我国 30 个省（区、市）2000~2015 年省级面板数据，采用静态面板和空间杜宾模型实证研究了环境分权对我国全要素能源效率的影响。其次，基于长江经济带 108 个城市 2004~2018 年市级面板数据，采用双重差分方法实证研究了环境分权对我国全要素能源效率的影响，主要结论如下：

环境分权不利于全要素能源效率的提升，并且环境分权与全要素能源效率存在"U"型关系，太低的环境分权水平会抑制全要素能源效率的提高，而较高的环境分权水平则会对全要素能源效率的提高起促进作用，这意味着环境分权程度可以进一步提高，促使当地政府拥有足够的自主权力，发挥其拥有的信息优势，促进全要素能源效率的提高。控制变量中，经济发展水平和外商直接投资对全要素能源效率的影响并不明显，产业结构不利于全要素能源效率的提升，城镇化却有利于全要素能源效率的提升。此外，引入空间杜宾模型的实证结果进一步表明，在邻接空间权重下，环境分权与全要素能源效率存在"U"型关系，环境分权对全要素能源效率存在明显的空间溢出效应。区域异质性研究表明东部和西部地区的环境分权政策显著降低了自身的全要素能源效率，中部地区的环境分权政策提升了自身的全要素能源效率，但不显著。由本章研究可知，环境分权与全要素能源效率存在"U"型关系，当环境分权程度达到拐点之前，环境分权程度的提升对全要素能源效率的提高起到抑制作用；当环境分权增加到一定程度后，环境分权程度的提升将有利于全要素能源效率的提高。因此，东、中、西部地区应该进一步推进环境分权，实现全要素能源效率的有效提升。此外，东部地区与中西部地区的控制变量结果的差异性表明，不同地区所面临的发展阶段和发展任务不同，应该采取不同的侧重以推动本地区全要素生产率的提升。东部地区在推进环境分权的基础之上应该侧重于本地区的产业结构调整和城镇化进程，而中部和西部地区则应该侧重于吸引外商直接投资，提升经济发展水平。

基于长江经济带市级面板数据的稳健性检验结果表明：首先，环境分权对全要素的当期影响结论发现，环境分权对全要素能源效率的提升无法产生影响。其次，政策的制定实施可能不会立即显现其作用，相关政府部门需要一定时间向公众宣传、推广，公众也需要一定时间理解、适应、消化政策信息并作出反应，因此考虑到环境分权政策的实施可能具有滞后性，通过研究环境分权对全要素的滞后一期影响发现，环境分权有利于全要素能源效率的提升。最后，通过进一步研究环境分权对全要素能源效率的滞后性影响发现，环境分权对全要素能源效率的滞后性影响不具有持续性，即环境分权对全要素能源效率的影响并不会随着时间的推移而提高。控制变量中外商直接投资和经济发展水平能够显著提升长江经济带全要素能源效率；教育支出水平和产业结构升级系数显著为负，表明教育支出水平和产业结构升级不利于长江经济带全要素能源效率的提升。分区域探讨异质性影响时发现，环境分权对长江经济带全要素能源效率的当期影响不显著，反而在滞后三期的情况下，上游环境分权系数显著为正，中游不显著为正，下游不显著为负，表明环境分权有利于提升长江经济带上游全要素能源效率，并且环境分权对全要素能源效率的提升作用是自上游至下游逐渐衰弱，甚至变为阻碍作用。控制变量结果与前面的研究结果大致相同。此外，为进一步验证研究结论的稳健性，将 PP 作为控制变量进行实证检验，以排除五大发展理念对本章实证结果的干扰。研究结果表明，在控制了五大发展理念的影响之后，环境分权对全要素能源效率的提升作用仍然显著存在。

第六章　环境分权的减排效应研究：
环境注意力视角

　　本章着重从地方政府环境注意力视角阐释环境分权影响环境污染的作用机制。首先，探究环境分权、环境注意力与环境污染三者之间的内在关联，构建环境分权、环境注意力影响环境污染的理论框架。其次，构建博弈模型比较分析环境分权和环境集权背景下地方政府环境注意力的演化趋势，探究环境分权对地方政府与公众环境注意力的影响，分析地方政府与公众环境注意力之间的内在关联及异质性特征。最后，比较分析地方政府与公众环境注意力对环境污染的影响，探究地方政府环境注意力影响环境污染的作用机制，引入地方政府环境注意力中介变量，揭示环境分权影响环境污染的内在机制。

第一节　引　　言

　　改革开放以来，我国经济建设取得了令人瞩目的伟大成就。然而，经济飞速增长的代价是环境的急剧恶化，如何协调经济发展与环境保护二者之间的关系已经成为我国亟待解决的关键难题。党的十九大报告指出，美丽中国是现代化建设的重要目标，生态文明是中华崛起的千年大计。在此背景下，中央政府陆续出台大量与环境治理相关的法律法规，如《中华人民共和国环境保护税法》，党的十九大报告也出台了一系列相关执行措施。地方政府也纷纷出台环境方面的政策法规，地方政府工作报告和五年规划中环境相关词条出现的频率也逐渐增加。综上所述，中央和地方政府对环境保护与环境治理工作都给予了高度关注。

　　中央与地方政府环境注意力提升的同时，公众环境注意力也在不断提升。环境污染事件频发在给居民生活带来严重影响的同时，也引起了广大居民的广泛关注。2007年5~6月，江苏太湖流域爆发了严重的"蓝藻污染事件"，造成无锡全城自来水污染，生活用水和饮用水严重短缺，超市、商店里的桶装水被抢购一空，"太湖蓝藻污染事件"引起了地方政府和广大居民的关注。2012年2月3日，江苏省镇江市自来水出现异味，进而引发市民抢购饮用水风波，镇江市政府承认，水源水受到苯酚污染。2014年4月23日，长江最大支流汉江武汉段水质曝出氨氮超标，武汉30万居民用水受到此次污染的影响。2014年5月9日，江苏靖江政府称，因长江水源出现水质异常，立即停止全市自来水供应，却迟迟没有公布污染物质和污染原因。2015年6月17日安徽省池州市东至县香隅镇数千亩农田变成了荒地，起因是化工园污染了农田的灌溉水源。2016年12月23日，江苏省太仓市发生"浙江嘉兴的生活垃圾至长江太仓段水域倾倒事件"。此外，隶属于长江上、下游的"成渝城市群"和"长三角城市群"是中国空气污染较为严重的地区，成都、重庆、武汉、合肥等城市雾霾天气不断增多，等等。

节能减排是解决环境问题、建设美丽中国的必经之路，也是国内外学界关注的热点问题。现有文献就环境治理的研究主要从两个维度展开：一是从庇古税理论出发，主张通过政府干预的方式来解决环境污染的外部性问题，对排污企业的征税和政府补贴是两种主要路径；二是从科斯定理出发，主张通过排放权交易等市场手段来解决环境污染的外部性问题。有鉴于此，本研究提出的主要问题是：

环境注意力的增加是否有利于我国环境治理？环境注意力影响我国环境污染水平的内在机理是什么？鉴于此，本章引入心理学中的注意力理论，实证研究环境注意力在环境分权的减排效应中所起的作用，并依据研究结论提出相关的政策建议。

第二节　地方政府环境注意力的减排效应研究
——环境分权的调节效应

一、问题提出

现阶段，资源匮乏、环境恶化、生态系统退化逐渐成为影响我国经济长期发展的重要因素，特别是环境污染问题，太湖水污染、雾霾等环境污染事件频发给我国经济可持续发展带来挑战，污染防治也成为未来一个阶段我国的三大攻坚战之一。中央和地方政府愈发重视环境问题，环境、环境治理、环境保护、环境质量等环境相关词条多次出现在政府工作报告和五年规划中，如中共十七大首次提出生态文明建设，中共十九大把解决生态环境问题作为党和国家发展战略目标。2018 年全国生态环境保护大会上习近平总书记强调，要协调我国经济社会发展和生态文明建设二者之间关系，推动我国生态文明建设迈上新台阶。中央与地方政府为改善我国的环境质量，陆续出台了《"十三五"生态环境保护规划》《土壤污染防治行动计划》《全国国土规划纲要（2016～2030 年)》等一系列法律法规。与此同时，地方政府对辖区内环境问题的注意力迅速提升，环境治理方面的地方政策法规推陈出新，以安徽省为例，《安徽省"十三五"生态保护与建设规划》《安徽省土壤污染防治工作方案》《"十三五"节能减排方案》《安徽省"十三五"环境保护规划》等污染防治和环境治理文件陆续出台，从顶层设计落实生态文明体系建设。综合以上分析可知，污染防治和环境治理成为我国当前急需解决的关键问题，中央与地方政府对环境污染的关注度不断提升，特别是地方政府在环境治理中扮演的角色愈发重要，大量省级、市级层面污染防治和环境治理的政策法规陆续出台，那么，值得探讨的问题是，中央与地方政府环境关注度的提升有利于节能减排吗？其中内在的影响机理是什么？如何提高节能减排的效率？

现有文献从不同角度对环境治理问题做了大量研究，从环境治理的主体来看，主要从政府与市场两个角度对环境治理问题展开研究，即正式与非正式环境规制的减排效应研究。学者们就正式环境规制对污染减排的影响研究颇多，主要形成以下三种观点：部分学者的研究表明，正式环境规制有利于降低环境污染水平，即对污染减排有显著的促进作用（Nadeau，1997；Gray and Shadbegian，2003；黄清煌和高明，2017）；也有学者的研究得出了相反的结论，即正式环境规制有一定的促减效应（尹希果、陈刚和付翔，2005）。与此同时，部分学者的研究发现，正式环境规制对污染减排的效应具有不确定性（李永友和沈坤荣，2008；Cheng，Li and Liu，2017）。随着研究的深入，一些文献探究了正式环境规制对产业转移（张平、张鹏鹏，2016）、FDI（尹飞霄、朱英明，2017）、技术创新（张峰、田文文，2018）的影响。随着公众环保意识增强，可持续发展理念深入人心，非正式环境规制逐渐成为学者们研究的热点问题，非正式环境规制在一定程度上给产业转移、企业绿色创新和节能减排等带来推动作用（周海华、王双龙，2016；李强，2018）。此外，学者们引入正式环境规制和非正式环境规制交互项进行分析，得出两者存在双向传导机制，正式环境规制与非正式环境规制有共同影响作用（邝嫦娥、田银华、李昊匡，2017）。与此同时，也有学者引入正式环境规制和非正式环境规制交互项回归分析得到两者存在替代关系，即正式环境规制和非正式环境规制对环境污染有着此消彼长的影响（李强，2018）。综上所述，现有文献就正式环境规制和非正式环境规制对环境污染的影响做了大量研究，既有偏重理论方面的研究，也有基于不同样本数据的实证检验，综合而言，研究结论尚存分歧。

与本书主题直接相关的另一方面是环境集权抑或环境分权问题，即环境治理中环境分权和环境集权孰优孰劣的问题。国外学者斯图尔特（Stewart，1977）认为，由于环境问题具有公共物品特征，因此，应当由中央政府承担环境治理的职责，这将有利于避免"公地悲剧"和地方政府免费"搭便车"现象的发生。同时，有学者提出，环境治理不能忽视区域间的异质性，环境治理职责应当由地方政府承担（Breton and Scott，1978）。也有学者的研究表明，区域差异和环境污染的溢出效应（Oates，2001）、环境治理的边际成本（Banzhaf and Chupp，2012）是影响环境政策实施效果的重要因素。在我国政治集权和财政分权体制下，绝大部分学者认为地方政府片面追求经济增长目标，为增长而竞争，致使生态陷入困境事件层出不穷（踪家峰和杨琦，2015；盛巧燕和周勤，2017；张华、丰超、刘贯春，2017）。祁毓和卢洪友等（2014）的研究则表明，环境分权对环境污染的影响具有非线性效应。自国家"十三五"规划提出绿色发展理念以来，污染防治和污染治理成为政府与公众关注的热点问题，特别是《关于全面推行河长制的意见》实施以来，环境集权抑或环境分权问题成为国内学者研究的一个重要分支。李强（2018）的研究认为，环境分权的减排效应更加显著，因为河长制的本质是环境分权，它既明晰了地方政府的权责，又大大提升了地方政府的环境注意力，更有利于我国的环境保护和污染治理。与此同时，任敏（2015）、白俊红和聂亮（2017）、沈坤荣和金刚（2018）等学者的研究也得出了一致结论，即环境分权有助于实现节能减排。综合而言，环境集权和环境分权的减排效应研究逐渐成为国内外学界研究的热点问题，研究结论同样存在分歧。

综上所述，随着生态文明建设、绿色发展理念的提出，污染防治和环境治理成为政府与学界关注的热点问题。现有文献就正式环境规制与非正式环境规制的减排效应做了大量研究，在我国环境治理实践中，就环境集权抑或环境分权、环境分权的减排效应等问题做了大量探索，这为本研究的进一步研究提供了有益借鉴。正如前面所言，中央与地方政府高度重视环境治理问题，出台一系列政策法规以助推环境治理，特别是随着《关于全面推行河长制的意见》出台以来，地方层面环境治理的政策与法规不断出台，地方政府对环境治理的关注度不断提升。李强（2018）基于河长制制度创新，研究了环境分权的减排效应，并从地方政府环境注意力视角阐释了环境分权影响环境污染的内在机理。那么，地方政府环境注意力提升有助于降低环境污染水平吗？其中内在的影响机理何在？河长制背景下环境分权对地方政府环境注意力的减排效应是否具有调节效应？相较于现有文献研究而言，本章的边际贡献在于：一是将心理学中的注意力理论引入模型，实证研究地方政府环境注意力的减排效应，有利于丰富环境治理的理论体系，扩展了环境治理的研究框架；二是考虑环境污染的外溢效应，特别是外溢效应和区域差异是影响环境分权减排效应的重要因素（Oates，2001），为使实证研究结论更为稳健可信，本章构建空间杜宾模型进行分析，探究环境分权、地方政府环境注意力影响环境污染的直接效应与间接效应，并根据结论提出相应的政策建议。

二、研究设计

（一）模型构建

为了实证考察环境注意力对我国环境污染的影响效应，本章构建如下计量模型：

$$POLLUTION_{it} = \beta_0 + \beta_1 EI_{it} + \beta_2 CONTROL + \varepsilon_{it} \qquad (6-1)$$

引入环境分权调节变量后，计量模型可设定为：

$$POLLUTION_{it} = \beta_0 + \beta_1 EI_{it} \times ED + \beta_3 CONTROL + \varepsilon_{it} \qquad (6-2)$$

其中，被解释变量 $POLLUTION$ 表示环境污染，模型的核心解释变量 EI 表示地方政府环境注意力，环境分权 ED 为调节变量，$CONTROL$ 为控制变量，t 代表时间，i 代表省份，ε_{it} 为随机干扰项，β_i 为待估参数。

（二）变量设定

被解释变量：环境污染（$POLLUTION$）。现有文献通常用工业"三废"、二氧化硫排放来表征环境污染。为尽可能全面表征环境污染，基于数据的可得性，本研究选用工业废水排放量、工业废气排放量、工业烟尘排放量、工业粉尘排放量、工业二氧化硫排放量、工业固体废弃物排放量等六个污染指标构建环境污染综合指数，在对其进行标准化的基础上，采用熵值法确定各指标权重，最后得到环境污染综合指数，用于表示环境污染水平。

解释变量：地方政府环境注意力（EI）。"注意力"原本是心理学中的一个名词，表示人的心理活动指向和集中于某种事物的能力。本章引入心理学中的注意力理论用于研究环境分权的减排效应，环境注意力增加，环境治理投入加大，环境规制强度提升，企业生产行为受到影响，减排效应显著。学者王印红和李萌竹（2017）的研究中选用生态、污染、绿化等10个关键词在政府工作报告中出现的频数表征地方政府对生态环境的注意力。考虑到国家五年规划和每年的政府工作报告指出了未来一个阶段经济社会发展的方向，政府工作报告中环境相关词汇出现的频数可近似表征地方政府环境注意力，此数据可通过查阅地方政府年度工作报告得到。同时，查阅地方政府工作报告可知，与环境污染和环境治理有关的词汇还有很多，为了尽可能准确地度量地方政府环境注意力，本研究对此做了相应扩展，选用以下环境污染相关的关键词，主要有：生态、环境治理、环境整治、环境污染整治、环境综合治理、污染治理、生态环境、可持续发展、绿色、绿化、绿水青山、环境保护、环保、环境质量、环境友好、美丽、污染、排放、大气污染、水污染、污水、土壤污染、PM2.5、PM10、新能源、资源节约、能源节约、能耗、能源强度、能源效率、生态文明、节能。

调节变量：环境分权（ED）。中央政府和地方政府是我国环境治理的两大主体，是环境政策的主要制定者和执行者。参考祁毓等（2014）的研究，利用地方环保人数占全国环保人数的比重得到环境分权指数。具体计算过程为：

$$ED_{it} = \left[\frac{LEPP_{it}/POP_{it}}{NEPP_t/POP_t}\right] \times \left[1 - (GDP_{it}/GDP_t)\right] \qquad (6-3)$$

其中，$LEPP_{it}$代表t年i省的环保系统人数，$NEPP_t$代表t年全国环保系统人数，POP_{it}代表t年i省的人口规模；POP_t代表t年全国总人口规模，GDP_{it}代表t年i省的国内生产总值；GDP_t表示第t年全国国内生产总值。

控制变量：引入地方政府环境注意力和环境分权的交互项探究地方政府环境注意力对环境污染的影响效应，用$INTER$表示。现有环境污染影响因素的研究文献表明，经济增长（包群和彭水军，2006）、财政分权（张克中等，2011）、投资（李强、高楠，2016）、对外开放（李小平、卢现祥，2010）、产业发展（李强，2017）、制度质量（张晓，2014）是影响我国环境污染的重要因素，为此，本研究将经济增长、财政分权、投资、对外开放、产业升级、制度质量作为控制变量。经济增长（GDP）用地区生产总值衡量。财政分权（FD）用预算内本级财政支出占中央预算内本级财政支出的比重衡量。投资（INVEST）用固定资产投资衡量。对外开放（OPEN）用进出口贸易总额占该地区生产总值比重衡量。产业升级的表征方法较多，如 more 指数、K 值、非农产业占比、产业结构高级化、产业结构合理化等。参考李强（2017）的研究，首先构建产业结构高级化和产业结构合理化指数，在此基础上，对其进行标准化，采用熵值法确定各指标权重后得到产业升级综合指数，用 *IND* 表示。制度的度量是难点，参考李强和魏巍（2013）的研究，利用樊纲等公布的《中国市场化指数》来表征，用 *INS* 表示。

（三）数据说明

本部分实证研究数据共计 480 个样本观测量，包括我国 30 个省（区、市）2000～2015 年省级面板数据（西藏除外）。数据来源于《中国统计年鉴》《中国财政年鉴》《中国环境年鉴》和《中国环境统计年鉴》以及各省（市、区）统计年鉴和统计公报①。环境注意力通过查阅地方政府报告整理得到，个别地区（年份）缺失数据采用均值插补法予以补齐。

三、实证分析

（一）初步回归

为了实证考察环境注意力对我国环境污染的影响效应，本部分在进行豪斯曼检验的基础上采用静态面板模型进行回归，为了避免模型中个体效应或时间效应的不可观测性影响模型估计结果，模型估计中对个体效应和时间效应都进行了控制，估计结果见表 6-1。表 6-1 中，环境注意力变量系数显著为负，表明地方政府环境注意力有利于我国环境污染的改善，因此，如何提高地方政府环境注意力、推进我国节能减排是当前急需解决的关键问题。研究还发现，环境分权变量系数显著为负，表明环境分权有利于降低我国的环境污染水平，加大环境分权力度，使地方政府在环境治理中拥有更大的自主权，这也是推进我国环境治理的重要一步。环境注意力和环境分权交互项系数显著为正，表明环境分权可以通过增加环境注意力的方式改善我国的环境质量，即环境分权既影响地方政府环境注意力，也是影响环境污染的重要因素。此外，经济增长变量显著为正，表明经济的快速增长将加剧我国环境污染水平，如何实现经济增长与环境污染的耦合优化是我国当前需要解决的关键问题。财政分权变量系数显著为正，表明财政分权提高了我国的环境污染水平，意味着中国式财政分权是加剧我

---

① 2017 年《中国统计年鉴》已出版，本可将本部分实证数据更新到 2016 年，但环境污染和环境分权数据来源于《中国环境年鉴》和《中国环境统计年鉴》，这两部年鉴最新版本虽为 2017 年版，但其中缺失了大量环境污染和环境治理从业人员数据，因此，实证检验部分数据仅更新到 2015 年。

国环境污染的重要因素，与张克中等（2011）的研究结论一致。对外开放变量系数显著为正，"污染天堂假说"效应显著存在。值得注意的是，固定资产投资对我国环境污染的影响显著为负，表明投资的快速增长有利于降低我国环境污染水平，这与现有大多文献的研究结论相悖。产业升级和制度质量变量系数均不显著，表明产业升级和制度创新的环境改善作用不明显。

表 6 – 1 　　　　　　　　　　静态面板模型估计结果

模型	(1)	(2)	(3)	(4)	(5)	(6)
被解释变量	环境污染	环境污染	环境污染	环境污染	环境污染	环境污染
估计方法	RE	FE	FE	FE	FE	FE
EI	-0.001 *** (-3.11)	-0.001 *** (-3.07)	-0.001 ** (-2.46)	-0.001 ** (-2.46)	-0.001 ** (-2.45)	-0.001 ** (-2.50)
ED	-0.098 *** (-3.66)	-0.070 *** (-2.77)	-0.072 *** (-2.87)	-0.072 *** (-2.87)	-0.073 *** (-2.82)	-0.077 *** (-2.97)
INTER	0.002 *** (3.62)	0.001 *** (3.54)	0.001 *** (3.09)	0.001 *** (3.08)	0.001 *** (3.07)	0.001 *** (3.10)
GDP	-0.003 (-0.69)	0.036 *** (5.36)	0.024 *** (3.21)	0.024 *** (3.10)	0.024 *** (3.01)	0.032 *** (3.61)
INVEST		-0.058 *** (-5.89)	-0.073 *** (-7.00)	-0.073 *** (-6.93)	-0.073 *** (-6.87)	-0.079 *** (-7.19)
FD			0.604 *** (3.94)	0.604 *** (3.94)	0.605 *** (3.94)	0.555 *** (3.58)
IND				0.003 (0.06)	0.003 (0.08)	-0.012 (-0.28)
INS					-0.001 (-0.21)	-0.001 (-0.39)
OPEN						0.033 ** (2.05)
_CONS	0.889 *** (26.69)	0.857 *** (31.24)	0.823 *** (29.11)	0.822 *** (26.66)	0.827 *** (21.95)	0.832 *** (22.12)
N	480	480	480	480	480	480
Hausman 值	1.44	83.19	113.53	46.54	171.14	220.07
时间效应	控制	控制	控制	控制	控制	控制
个体效应	控制	控制	控制	控制	控制	控制

注：括号里数字为每个解释变量系数估计的 $t(z)$ 值，*** 、 ** 、 * 分别表示在1%、5%和10%的显著性水平上显著，下同。

（二）考虑空间溢出效应的稳健性检验

地理学第一定律认为所有的事物都相互关联（Tobler，1970）。我国各地区在交通、运输、能源、劳动力、物流、旅游等方面联系紧密，这种区域间的联系紧密程度使得我国区域间的经济发展越来越成为一个整体，特别是，环境污染具有较强的流动性，即本地的环境污染不但影响辖区内的环境质量，而且会影响周边地区的环境水平，区域间的环境污染也存在较强的空间依赖性，因此，环境污染外溢效应的存在会影响模型估计结果。为此，本部分从两个维度对前面实证研究中引入环境分权调节作用进行检验，首先表6-2中模型（1）、模型（2）为考虑空间溢出效应的空间杜宾模型估计结果，模型（1）的空间杜宾方程采用固定效应模型进行估计，模型（2）的空间杜宾方程采用随机效应模型进行估计，变量选取与表6-1一致。空间权重矩阵的构建上，采用地理相邻方法得到空间权重矩阵。

表6-2　　　　　　　　　　空间杜宾模型估计结果

模型	（1）	（2）	（3）	（4）	（4）	（6）	（7）	（8）
被解释变量	环境污染	环境污染	环境污染	环境污染	环境污染	环境污染	环境污染	环境污染
估计方法	FE	RE	FE	RE	FE	RE	FE	RE
EI	-0.001^{***} (-3.09)	-0.001^{***} (-3.39)	-0.001^{**} (-2.48)	-0.001^{**} (-2.48)	-0.0004^{*} (-1.66)	-0.0005^{*} (-1.75)	-0.001^{**} (-2.14)	-0.001^{**} (-2.20)
ED	-0.106^{***} (-4.33)	-0.116^{***} (-4.58)						
INTER	0.001^{***} (3.52)	0.002^{***} (3.87)	0.001^{***} (3.01)	0.001^{***} (3.06)	0.001^{**} (2.37)	0.001^{**} (2.49)	0.001^{**} (2.66)	0.001^{***} (2.71)
GDP	0.047^{***} (5.94)	0.044^{***} (5.29)	0.051^{***} (6.49)	0.049^{***} (5.90)	0.038^{***} (4.91)	0.037^{***} (4.55)	0.040^{***} (5.05)	0.038^{***} (4.60)
INVEST	-0.093^{***} (-9.23)	-0.088^{***} (-8.31)	-0.096^{***} (-9.38)	-0.092^{***} (-8.56)	-0.089^{***} (-8.99)	-0.086^{***} (-8.32)	-0.084^{***} (-8.37)	-0.081^{***} (-7.72)
FD	0.304^{**} (2.32)	0.258^{*} (1.88)	0.276^{**} (2.09)	0.231^{*} (1.68)	0.378^{***} (2.91)	0.312^{**} (2.31)	0.399^{***} (3.02)	0.341^{**} (2.47)
IND	-0.022 (-0.54)	-0.016 (-0.37)	-0.056 (-1.35)	-0.045 (-1.03)	-0.050 (-1.21)	-0.050 (-1.17)	-0.026 (-0.64)	-0.015 (-0.36)
INS	-0.013^{***} (-4.20)	-0.012^{***} (-3.94)	-0.011^{***} (-3.57)	-0.009^{***} (-2.97)	-0.012^{***} (-4.13)	-0.012^{***} (-3.85)	-0.013^{***} (-4.27)	-0.012^{***} (-3.98)
OPEN	0.041^{***} (2.85)	0.037^{**} (2.44)	0.031^{**} (2.14)	0.030^{**} (2.00)	0.033^{**} (2.27)	0.028^{*} (1.92)	0.039^{***} (2.68)	0.037^{**} (2.45)

模型	(1)	(2)	(3)	(4)	(4)	(6)	(7)	(8)
_CONS		0.735 *** (5.67)		0.546 *** (4.34)		0.848 *** (7.54)		0.677 *** (5.39)
ρ	15.419 *** (6.90)	10.911 *** (4.21)	15.331 *** (6.80)	10.482 *** (3.92)	14.792 *** (6.38)	10.583 *** (4.25)	15.515 *** (7.00)	11.514 *** (4.47)
$W \times EI$	0.001 (0.02)	− 0.099 ** (− 2.02)	0.005 (0.10)	− 0.072 (− 1.51)	0.019 (0.54)	− 0.019 (− 0.56)	0.053 (0.90)	− 0.038 (− 0.64)
$W \times ED$	3.964 (1.22)	− 3.280 (− 1.09)						
$W \times INTER$	0.023 (0.46)	0.125 *** (2.61)	0.016 (0.34)	0.094 ** (2.02)	0.016 (0.47)	0.058 * (1.77)	− 0.025 (− 0.46)	0.062 (1.14)
$W \times GDP$	− 1.364 (− 1.12)	− 1.292 (− 1.01)	− 0.348 (− 0.28)	0.328 (0.25)	− 1.896 * (− 1.69)	− 1.661 (− 1.43)	− 2.281 * (− 1.93)	− 2.320 * (− 1.87)
$W \times INVEST$	3.261 *** (3.34)	3.420 *** (3.34)	2.472 ** (2.54)	2.326 ** (2.28)	4.019 *** (4.49)	4.048 *** (4.31)	4.083 *** (4.37)	4.166 *** (4.25)
$W \times FD$	− 12.519 (− 1.50)	− 12.381 (− 1.42)	− 18.625 ** (− 2.21)	− 21.118 ** (− 2.41)	− 12.134 (− 1.50)	− 12.979 (− 1.56)	− 10.471 (− 1.25)	− 9.359 (− 1.07)
$W \times IND$	6.982 * (1.66)	5.515 (1.26)	4.705 (1.08)	3.547 (0.78)	8.327 ** (2.02)	4.826 (1.17)	10.994 *** (2.69)	9.647 ** (2.26)
$W \times INS$	− 0.047 (− 0.23)	− 0.182 (− 0.87)	0.039 (0.17)	− 0.226 (− 0.96)	− 0.088 (− 0.45)	− 0.107 (− 0.52)	− 0.153 (− 0.77)	− 0.256 (− 1.23)
$W \times OPEN$	− 1.380 (− 1.14)	− 1.749 (− 1.37)	− 1.836 (− 1.45)	− 2.196 (− 1.64)	− 0.902 (− 0.75)	− 1.357 (− 1.08)	− 0.889 (− 0.71)	− 1.057 (− 0.81)
Loglikelihood	887.41	783.76	884.83	779.24	889.5	789.97	885.27	780.84
R^2	0.4060	0.4028	0.3927	0.4047	0.4310	0.4277	0.4067	0.3987
$Sigma^2$	0.0014	0.0016	0.0014	0.0016	0.0014	0.0015	0.0014	0.0015

综合而言，表 6 - 2 回归结果显示，空间自回归系数 ρ 显著为正，表明环境污染具有较强的空间相关性。表 6 - 2 中模型（1）、模型（2）回归结果显示，地方政府环境注意力变量系数显著为负，表明地方政府环境注意力提升有利于降低环境污染水平，与表 6 - 1 回归结果相一致，但其空间溢出效应不明显，即提升地方政府环境注意力有利于改善本地区的生态环境，却对邻近地区的生态环境影响不明显。环境分权变量系数显著为

负，表明环境分权有利于改善我国的环境质量，意味着环境分权对我国环境污染的影响具有明显的空间溢出效应。研究还发现，环境分权和地方政府环境注意力交互项变量系数显著为正，进一步表明环境分权和环境注意力对我国环境污染的影响具有互补关系，即环境分权正向调节地方政府环境注意力的减排效应，与表6-1回归结果基本一致。表6-2中模型（1）至模型（8）其他控制变量对我国环境污染的影响与表6-1基本一致。

表6-3为空间杜宾模型的空间溢出效应分解结果，重点报告了解释变量和控制变量的直接效应、间接效应和总效应。具体而言，直接效应中环境注意力变量系数均显著为负，表明地方政府环境注意力能够改善我国的生态环境质量，而间接效应和总效应在随机效应模型中显著为负，但在固定效应模型中不显著，表明地方政府环境注意力主要通过直接效应影响我国环境污染，即某一地区的环境注意力对该地区的环境污染产生直接抑制作用，而其他地区的环境注意力对该地区环境污染影响不明显。环境分权对我国环境污染的直接效应显著为负，间接效应不显著，表明环境分权的污染减排效应主要源自直接效应。环境分权和环境注意力交互项系数为正，其溢出效应分解结果与环境分权和环境注意力基本一致，即两者交互性的污染减排效应主要源自直接效应。其他控制变量中，除了固定资产投资的直接效应和间接效应影响显著之外，绝大部分控制变量的污染减排效应同样源自直接效应，如经济增长、财政分权、制度创新和对外开放。同时，产业升级影响环境污染的直接效应和间接效应均不显著，这与前面的回归结果一致，这里不再赘述。

表6-3 溢出效应分解

模型	直接效应		溢出效应		总效应	
	FE	RE	FE	RE	FE	RE
EI	-0.001 *** (-2.95)	-0.002 *** (-3.73)	-0.001 (-0.31)	-0.007 * (-1.92)	-0.003 (-0.55)	-0.008 ** (-2.24)
ED	-0.101 *** (-3.84)	-0.123 *** (-4.63)	0.190 (0.68)	-0.280 (-1.39)	0.088 (0.30)	-0.403 * (-1.88)
INTER	0.001 *** (3.52)	0.002 *** (4.33)	0.004 (0.81)	0.008 ** (2.35)	0.005 (1.07)	0.010 *** (2.71)
GDP	0.045 *** (4.87)	0.042 *** (4.83)	-0.054 (-0.47)	-0.055 (-0.72)	-0.009 (-0.07)	-0.013 (-0.16)

模型	直接效应		溢出效应		总效应	
	FE	RE	FE	RE	FE	RE
INVEST	-0.088 *** (-8.66)	-0.084 *** (-8.13)	0.148 * (1.70)	0.148 ** (2.42)	0.059 (0.65)	0.064 (0.97)
FD	0.284 ** (2.18)	0.244 * (1.84)	-0.632 (-0.87)	-0.523 (-1.05)	-0.348 (-0.46)	-0.279 (-0.58)
IND	-0.006 (-0.14)	-0.007 (-0.18)	0.536 (1.54)	0.319 (1.27)	0.530 (1.46)	0.311 (1.19)
INS	-0.013 *** (-4.37)	-0.013 *** (-4.08)	-0.019 (-1.14)	-0.018 (-1.47)	-0.032 * (-1.93)	-0.031 ** (-2.57)
OPEN	0.040 *** (2.91)	0.035 ** (2.50)	-0.058 (-0.58)	-0.080 (-1.10)	-0.018 (-0.18)	-0.045 (-0.62)

第三节　环境分权、环境注意力与环境污染：实证检验

一、问题提出

与我国加速式推进的城镇化和工业化进程相伴而生的是我国的生态环境恶化、环境污染加剧，我国的环境治理问题已迫在眉睫。为此，中共十八大及中共十八届三中、四中、五中和六中全会多次出台环境治理方面指导意见。中共十九大报告进一步指出，要坚决制止和惩处破坏生态环境行为，坚持节约资源和保护环境的基本国策，要像对待生命一样对待生态环境。近年来，中央政府也出台一系列法律法规来治理环境污染，但我国的环境治理问题仍是一道亟待解决的难题，这也印证了中央政府环境治理政策实施效果不明显（Oyon，2005）。为何中央政府对环境问题的关注度持续提升却无法促进生态环境的向好向上发展？环境政策实施效果不尽如人意的根源何在？仔细分析不难发现，环境污染的外部性、环境治理主体权责不明晰、环境治理的正向外溢效应是主要原因。此外，由于环境污染和环境治理存在空间溢出效应，导致地方政府更倾向于选择"多排放、少投入""我污染、你治理"的博弈策略（赵霄伟，2014），进而降低了地方政府环境治理的意愿，也加剧了我国环境治理的难度（陈诗

一，2011）。

国内外文献从两大主线对环境治理问题展开深入探究。一是基于庇古税理论，考虑到环境污染存在外部性，主张通过征税和补贴等政府干预手段来治理环境污染，进而形成了正式环境规制理论（Jaffe et al.，1995；钟茂初，2015）。二是基于科斯定理，主张通过分权制度、许可证交易制度、排放权交易制度等市场干预手段来解决环境污染所存在的外部性问题，进而形成了非正式环境规制理论（Pargal and Wheeler，1995；原毅军、谢荣辉，2014），综合而言，通过市场机制解决环境污染的外部性也是现有文献研究的一个重要分支。那么，中央政府和地方政府谁应作为环境政策的主要制定者，中央政府和地方政府的环境政策效果孰优孰劣？究其本质仍是关于环境分权和环境集权的问题，现有文献就环境分权的减排效应研究结论存在分歧。部分学者认为，地方政府能够制定更为符合实际需求的环境规制政策来治理环境污染，因此环境分权有利于环境质量的改善（Falleth and Hovik，2009），其环境保护的效果更好（Magnani，2000；Millimet，2003），研究并不支持"逐底竞争"观点（Sigman，2014）。另一部分学者的研究发现，分权管理并未达到环境治理的预期效果，反而加剧了地方环境污染（Oyon，2005），中央集权管理环境效果更好（Stewart，1977；Gray and Shadbegian，2002；Helland and Whitford，2002）。除此之外，环境治理的边际成本也是影响环境政策效应的一个关键因素（Banzhaf and Chupp，2012）。

近年来，环境分权和环境集权问题逐渐成为国内学者关注的热点。王书明和蔡萌萌（2011）基于新制度经济学视角比较分析了河长制的优势和劣势，其优势在于职责归属明确，权责清晰，但也存在无法消除委托—代理问题、缺乏透明的监督机制、容易出现利益合谋、忽视了社会力量、行政问责很难落实等不足。祁毓和卢洪友等（2014）研究证实，环境分权与我国环境污染呈倒"U"型关系，且不同的环境分权对我国环境污染影响不同，对我国不同区域环境污染的影响也具有异质性。李强（2017）研究发现，我国环境分权与全要素能源效率呈非线性关系。自祁毓和卢洪友等（2014）的研究以来，众多学者尝试从不同角度研究环境分权的减排效应。那么，究竟哪种因素才是环境分权的减排效应的根本原因呢？有研究指出，环境分权背景下地方政府与企业之间的合谋是增加碳排放的重要因素（陆远权、张德钢，2016），政府层级数量的增加将显著降低环境分权的执行效果（盛巧燕、周勤，2017）。张华等（2017）研究发现，环境分权将加剧我国的环境污染水平，环境"垂直管理"体制下的环境集权才会有利于我国的环境污染治理。与此同时，部分文献却得出了相反的结论，即环境分权有利于缓解我国的雾霾污染问题（白俊红、聂亮，2017；李强，2018），意味着区域差异是影响环境治理的关键要素。

综上所述，学界就环境分权和环境集权问题的研究尚处于起步阶段，现有文献的研究以规范分析为主，着重探讨了环境政策究竟应该由中央政府还是地方政府制定的问题。近年来，一些文献采用实证研究方法检验了环境分权的减排效应（祁毓、卢洪友等，2014；陆远权、张德钢，2016；张华等，2017），但是，从理论层面阐释环境分权影响环境污染内在机理的研究较少，这也是本章拟突破的一个研究方向。

理论与实践表明，需要以新的视角解决我国的环境治理难题。河长制的实施为我们提供了良好的启示，首先，河长制明确了地方政府环境治理的主体地位，有效解决了以往环境治理过程中中央政府与地方政府的信息不对问题，规避了中央政府与地方政府之间的博弈，缓解了环境污染的外部性问题。其次，河长制进一步明确了地方政府环境治理的主体地位，通过明晰责权的方式对地方政府行为产生影响，进而解决环境污染所面临的外部性问题。那么，如何解决环境治理权责不明晰、地方政府与公众环境治理意愿不强等问题？相较于环境集权而言，环境分权有利于降低环境污染水平吗？其中内在的影响机理何在？综上所述，本章提出的主要问题是：相较于环境集权而言，环境分权有利于降低我国的环境污染吗？环境分权影响环境污染的内在机理是什么？具体的治污效应如何？引入环境注意力传导机制后，环境分权、环境注意力与环境污染三者之间的影响机制是什么？环境分权的减排效应如何？相较于现有文献而言，本章的贡献主要在于：基于我国当前的河长制创新地提出河长制的本质在于环境分权（政府干预），基于产权理论（市场机制）、构建博弈模型探究环境分权对环境污染的影响，综合运用政府干预与市场机制手段治理环境污染问题，即本章遵循如下逻辑：河长制→环境分权→责权明晰→环境标尺竞争→地方政府环境注意力→环境污染。环境污染的外部性、中央政府与地方政府的目标不一致、中央政府与地方政府之间以及地方政府之间的博弈是影响环境治理的关键因素，与此同时，环境治理的责任不明确、地方政府与公众环境治理意愿不强也是我国环境治理面临的突出难题。另外，正如前面所言，现有文献研究或者基于庇古税、主张通过政府干预手段治理环境污染，或者基于科斯定理、主张通过市场机制治理环境污染，但综合考察政府干预与市场机制治理环境污染问题的研究鲜有涉及，这也是本章拟突破的一个方向。本部分立足我国当前的河长制制度创新，基于产权角度阐释环境分权对我国环境污染的内在影响机制，为我国环境治理提供了新的视角，也为其他跨区域环境治理提供了新的研究方向。从环境注意力视角探究环境分权影响环境污染的作用机制。国内外学者就环境分权与环境集权问题的探讨较多，研究结论存在分歧。更为重要的是，环境分权影响环境污染的内在机理到底如何，现有文献对这一关键问题探讨较少。为了弥补这一不足，本研究引入环境注意力理论，从环境注意力视角阐释环境分权影响环境污染的内在机理，采用实证研究方法予以验证，这也是本研究拟突破的另一个方向。

二、研究设计

（一）模型构建

为了实证研究我国环境分权对环境污染的影响效应，进而验证前面的研究假说1，本研究构建如下计量模型：

$$POLLUTION_{it} = \beta_0 + \beta_1 ED_{it} + \beta_2 CONTROL + \varepsilon_{it} \qquad (6-4)$$

其中，被解释变量 $POLLUTION$ 表示环境污染，下标 i 为我国省际单元，下标 t 表示时间单元，ED 为模型的核心解释变量，表示环境分权，$CONTROL$ 为影响环境污染的其他控制变量，ε_{it} 为模型的随机干扰项，β_i 为模型的待估参数。

为了验证环境分权影响环境污染的内在机理，构建以下两个模型：一是实证检验环境分权对地方政府环境注意力的影响，进而回答环境分权是否有助于提高地方政府环境注意力；二是实证检验地方政府环境注意力对环境污染的影响，进而回答地方政府环境注意力是否有助于降低环境污染水平。计量模型如下：

$$EI_{it} = \beta_0 + \beta_1 ED_{it} + \beta_2 CONTROL + \varepsilon_{it} \qquad (6-5)$$

$$POLLUTION_{it} = \beta_0 + \beta_1 EI_{it} + \beta_2 CONTROL + \varepsilon_{it} \qquad (6-6)$$

其中，EI 表示地方政府环境注意力。

（二）变量设定

被解释变量：环境污染（$POLLUTION$）。工业"三废"、二氧化硫排放是现有文献表征环境污染的常规做法。考虑到数据的可得性，选用工业废水、工业废气、工业烟尘、工业粉尘、工业二氧化硫、工业固体废弃物等指标的排放量来表征环境污水平。具体而言，首先对六个变量进行标准化，在此基础上，采用熵值法确定各指标权重后得到环境污染综合指数。

环境分权（ED）。中央政府和地方政府是我国环境政策的主要制定者和执行者，是我国环境治理的两大主体。因此，参考祁毓等（2014）的研究，利用地方环保系统人数占全国环保系统人数的比重得到环境分权指数。具体计算过程为：

$$ED_{it} = \left[\frac{LEPP_{it}/POP_{it}}{NEPP_t/POP_t} \right] \times \left[1 - (GDP_{it}/GDP_t) \right] \qquad (6-7)$$

其中，$LEPP_{it}$ 代表 t 年 i 省的环保系统人数，$NEPP_t$ 代表 t 年全国环保系统人数，POP_{it} 代表 t 年 i 省人口规模；POP_t 代表 t 年全国总人口规模，GDP_{it} 代表 t 年 i 省国内生产总值；GDP_t 代表 t 年全国国内生产总值。

环境分权又可分为行政上、监察上和检测上的分权等，因此，在环境分权分项指标的表征上，参考祁毓等（2014）的做法，构建环境行政分权（EAD）、环境监察分权（EMD）和环境监测分权（ESD），分别探讨环境行政分权、环境监察分权和环境监测分权的减排效应：

$$EAD_{it} = \left[\frac{LEAP_{it}/POP_{it}}{NEAP_t/POP_t} \right] \times \left[1 - (GDP_{it}/GDP_t) \right] \qquad (6-8)$$

$$EMD_{it} = \left[\frac{LEMP_{it}/POP_{it}}{NEMP_t/POP_t} \right] \times \left[1 - (GDP_{it}/GDP_t) \right] \qquad (6-9)$$

$$ESD_{it} = \left[\frac{LESP_{it}/POP_{it}}{NESP_t/POP_t} \right] \times \left[1 - (GDP_{it}/GDP_t) \right] \qquad (6-10)$$

其中，$LEAP_{it}$、$LEMP_{it}$、$LESP_{it}$ 分别代表 t 年 i 省的环保行政人数、环保监察人数和环保监测人数，$NEAP_t$、$NEMP_t$、$NESP_t$ 分别代表 t 年全国环保行政人数、全国环保监察人数和全国环保监测人数，其他变量含义同式（6-7），这里不再赘述。

地方政府环境注意力（EI）。地方政府环境注意力主要用于考察地方政府在环境分权背景下对环境污染和环境治理的关注度，其中，地方政府环境治理投资的多少是地方政府对环境问题关注度的集中体现，可以反映地方政府环境注意力的高低。因此，本研究利用我国各省（区、市）环境污染治理投资总额表征地方政府环境注意力，单位是亿元，数据来源于《中国环境统计年鉴》。

控制变量。现有环境污染影响因素的研究文献表明，经济增长（包群和彭水军，2006）、资源禀赋、对外开放（李小平和卢现祥，2010）、城镇化（李强和左静娴）、产业发展（李强，2017）是影响我国环境污染的重要因素，为此，本章将经济增长、资源禀赋、对外开放、城镇化、产业升级等质量作为控制变量引入模型。经济增长用各省（区、市）地区生产总值表征，用 GDP 表示。考虑到现有文献就经济增长减排效应研究结论存在分歧，本章选择在模型中引入经济增长二次项用于研究经济增长对环境污染的非线性影响，用 GDP^2 表示。现有文献对资源禀赋的表征方法较多，这里参考李强和徐康宁（2013）的做法，采用采掘业从业人员占从业人员总数比例来表征资源禀赋。进出口贸易在促进经济快速增长的同时，也加剧了环境污染。对外开放采用各省（区、市）进出口贸易总额占该地区生产总值的比重表征，用 OPEN 表示。城镇化用各省（区、市）城镇化率表示。产业升级的表征方法较多，如 more 指数、K 值、非农产业占比、产业结构高级化、产业结构合理化等。参考李强（2017）的做法，首先构建产业结构高级化和产业结构合理化指数，在此基础上，对其进行标准化，采用熵值法确定各指标权重后得到产业升级综合指数，用 IND 表示。

（三）数据说明

实证研究数据包括我国 30 个省（区、市）2002～2015 年①省级面板数据（西藏除外），共计 420 个样本观测量。数据来源于《中国统计年鉴》《中国环境年鉴》和《中国环境统计年鉴》以及各省（区、市）统计年鉴和统计公报。

三、实证分析

（一）计量检验

本章选择动态面板模型进行估计，以解决解释变量和被解释变量相互影响、遗漏重要解释变量等造成的内生性问题，增加模型估计结果的精确性。本章采用系统 GMM 估计方法进行估计（两步法）。工具变量的选取上，由于系统 GMM 估计方法同时对水平方程和差分方程进行估计，分别选取差分变量和水平变量的滞后项作为工具变量，计量检验结果如表6-4所示。表6-4最后三行报告的随机干扰项序列相关和工具变量有效性检验结果表明，工具变量的选取是有效的，随机干扰项不存在二阶序列相关问题。

---

① 2017 年《中国统计年鉴》已出版，本可将本部分实证数据更新到 2016 年，但环境污染和环境分权数据来源于《中国环境年鉴》和《中国环境统计年鉴》，这两部年鉴的最新版本为2016 年版（2015 年数据），而且，《中国环境统计年鉴》缺少 2000 年和 2001 年数据，因此，实证检验部分数据为我国 30 个省（区、市）2002—2015 省级面板数据。

表 6 - 4环境分权与环境污染

模型	(1)	(2)	(3)	(4)
被解释变量	环境污染	环境污染	环境污染	环境污染
估计方法	SYS-GMM	SYS-GMM	SYS-GMM	SYS-GMM
	两步法	两步法	两步法	两步法
$L. POLLUTION$	0.848 *** (24.80)	0.924 *** (34.28)	0.853 *** (34.28)	0.849 *** (44.86)
ED	− 0.050 *** (− 5.19)			
EAD		− 0.023 (− 1.61)		
EMD			− 0.031 *** (− 5.58)	
ESD				− 0.048 *** (− 4.49)
GDP	− 0.020 *** (− 4.16)	− 0.012 *** (− 2.74)	− 0.019 *** (− 4.31)	− 0.023 *** (− 5.14)
GDP^2	0.001 *** (3.13)	0.001 ** (2.50)	0.001 *** (3.11)	0.002 *** (4.51)
NR	0.010 *** (6.92)	0.008 *** (7.21)	0.008 *** (4.94)	0.012 *** (11.23)
$OPEN$	− 0.043 *** (− 4.82)	− 0.025 ** (− 2.46)	− 0.036 *** (− 3.22)	− 0.032 *** (− 4.50)
$URBAN$	0.122 *** (2.87)	0.100 ** (2.01)	0.113 ** (2.26)	0.162 *** (3.93)
$INDUS$	0.091 ** (2.52)	0.046 (0.97)	0.067 (1.24)	0.068 (1.09)
$\_CONS$	0.089 *** (2.74)	0.022 (0.77)	0.078 *** (2.90)	0.075 *** (3.98)
N	390	390	390	390
$AR(1)$	0.0033	0.0042	0.0035	0.0044
$AR(2)$	0.1135	0.1230	0.1302	0.1175
$Sargan\ test$	1.0000	1.0000	1.0000	1.0000

注：括号里数字为每个解释变量系数估计的 $t(z)$ 值，***、**、*分别表示在1%、5%和10%的显著性水平上显著，下同。

观察表6-4中模型（1）的估计结果可以发现，环境分权变量系数在1%的显著性水平上显著为负，表明环境分权能够显著改善我国的生态环境质量，意味着影响我国环境治理的重要因素在于区域差异，也验证了前面的研究假说，这与白俊红和聂亮（2017）、李强（2018）等学者的研究结论一致，即地方政府环境政策的减排效应明显优于中央政府。此结论的实际意义在于，环境分权的减排效应要优于环境集权的减排效应。因此，为了推进我国的环境治理，应加大环境分权力度，大力推行河长制，赋予地方政府在环境治理中更大的自主权，环境分权的同时加大中央政府的监管也尤为重要。

为了进一步探究环境分权对我国环境污染的影响效应，表6-4中模型（2）至模型（4）从环境行政、监察和监测分权三个维度①构建环境分权综合指数进行稳健性检验。模型（2）回归结果表明，环境行政分权变量系数为负，但并不显著，表明环境行政分权对环境污染的抑制作用十分微弱。模型（3）和模型（4）的回归结果表明，环境监察、监测分权的变量系数均显著为负，表明监察上和检测上的环境分权的确能够改善我国的生态环境质量。实证研究结果表明，行政、监察和监测的环境分权能够显著降低我国的环境污染，因此，为了有效推进环境保护和污染防治工作，中央政府应将环境治理的各种权利全部下放到地方政府，实行彻底的环境分权制度，使得地方政府成为环境治理的主体，以便地方政府更好地结合地方实际情况推进当地的生态文明建设，改善环境质量。

控制变量方面，环境污染的一阶滞后变量显著为正，说明上一期的环境污染对下期环境污染具有显著正向滞后影响。经济增长变量系数显著为负，其二次项系数显著为正，表明经济增长对我国环境污染的确存在非线性的影响效应。具体而言，经济增长的初期阶段，经济增长有利于降低环境污染水平，随着经济的深入发展，经济快速增长将显著加剧我国环境污染水平。研究还发现，资源禀赋变量显著为正，表明资源禀赋将加剧环境污染水平，即对于资源丰富的地区而言，资源开发、资源型产业在其经济发展中所占比重必然较高，如何协调经济增长与环境污染的发展关系是我国资源丰裕地区所需要解决的核心问题。城镇化水平与环境污染呈显著正

---

① 在我国，中央政府与地方政府在环境治理权利划分上，主要涉及环境政策制定、环境治理投资、环境设施、环境监测和环境监察等方面。从我国环境治理实践来看，行政、监察和监测的分权是中央与地方环境分权的主要表现形式，也是现有文献关注的焦点问题。另外，考虑到数据的可得性，主要从环境行政分权、环境监察分权和环境监测分权三个方面探究环境分权的减排效应。

相关，表明城镇化进程的推进会恶化环境质量。对外开放变量显著为负，表明进出口贸易的快速发展对于我国环境质量改善具有重要作用，"污染天堂"假说效应不成立。产业升级仅在模型（1）中显著为正，在模型（2）至模型（4）中不显著，表明产业升级对环境污染的影响不稳健。

（二）传导机制研究

为了实证检验环境分权影响环境污染的作用机制，本部分分别实证研究环境分权对环境注意力、环境注意力对环境污染的影响效应，回归结果见表6-5。综合表6-5中5个模型回归结果可知，环境分权有利于提高地方政府环境注意力，地方政府环境注意力提升有利于降低环境污染水平，即"环境分权—环境注意力—环境污染"。具体而言，表6-5模型（1）报告了环境分权对环境注意力的影响，结果表明，环境分权变量系数显著为正，表明环境分权有利于提高地方政府环境注意力。模型（2）至模型（4）分别报告了环境行政分权、环境监察分权和环境监测分权影响地方政府环境注意力的估计结果，研究发现，行政上、监察上和监测上的分权治理更有利于提高地方政府环境注意力。正如前面所言，地方政府在当前我国环境治理过程中处于主体地位，地方政府之间的环境治理博弈强而环境治理意愿弱是困扰我国环境治理的重要原因，在此背景下，提高地方政府环境治理注意力、增加地方政府环境治理投资显得尤为重要。实证研究结果表明，相较于环境集权而言，环境分权更有利于提高地方政府环境治理注意力，即环境分权视域下地方政府既是环境政策的制定者，也是环境政策的执行者，进而有利于解决中央与地方政府环境治理中存在的目标不一致、信息不对称问题。因此，此结论也为我国河长制和环境治理政策的实施提供了理论支持。控制变量方面，经济增长与地方政府环境注意力呈"U"型关系，即经济增长对地方政府环境注意力具有先促进、后抑制的影响。资源禀赋变量系数显著为负，意味着对于资源丰裕地区而言，地方政府对环境问题的关注度并不高。此外，对外开放、城镇化和产业升级对地方政府环境注意力的影响效应不稳定，深入、系统探究地方政府环境注意力的影响因素及其效应是下一步我们拟研究的一个重要方向。

表6-5中模型（5）报告了环境注意力对环境注意力的影响，结果显示，环境注意力变量系数在1%的显著性水平上显著为负，表明地方政府环境注意力会对我国环境污染水平产生负向作用，即提高地方政府注意力有助于改善我国环境质量，也验证了前面的研究假说。

表 6 - 5　　　　　　　　　　传导机制研究

模型	(1)	(2)	(3)	(4)	(5)
被解释变量	环境注意力	环境注意力	环境注意力	环境注意力	环境污染
估计方法	SYS-GMM	SYS-GMM	SYS-GMM	SYS-GMM	SYS-GMM
	两步法	两步法	两步法	两步法	两步法
L. EI/L. POLLUTION	0.147 *** (33.51)	0.164 *** (29.02)	0.168 *** (23.73)	0.153 *** (53.02)	0.920 *** (90.78)
EI					-0.00002 *** (-3.04)
ED	99.806 *** (5.71)				
EAD		103.594 *** (5.86)			
EMD			93.946 *** (4.68)		
ESD				84.894 *** (4.68)	
GDP	121.637 *** (32.56)	135.672 *** (22.45)	102.667 *** (26.92)	119.452 *** (27.16)	-0.008 *** (-3.22)
GDP^2	-5.618 *** (-13.12)	-8.106 *** (-13.86)	-3.644 *** (-6.66)	-5.647 *** (-10.81)	0.001 * (1.89)
NR	-31.096 *** (-7.99)	-22.661 *** (-5.53)	-26.645 *** (-5.88)	-32.189 *** (-6.78)	0.006 *** (4.12)
OPEN	-2.888 (-0.60)	-1.540 (-0.26)	5.452 (0.89)	-12.611 ** (-2.21)	-0.028 *** (-6.47)
URBAN	7.314 (0.25)	41.688 (0.82)	48.435 * (1.83)	-11.180 (-0.50)	0.068 *** (3.26)
INDUS	-7.415 (-0.35)	-6.580 (-0.30)	65.880 *** (3.72)	26.666 (1.37)	0.095 *** (4.77)
_CONS	-75.975 *** (-4.74)	-118.125 *** (-10.47)	-104.478 *** (-4.85)	-60.870 *** (-3.23)	0.001 (0.13)
N	390	390	390	390	390
AR(1)	0.1988	0.1998	0.2040	0.1974	0.0033
AR(2)	0.5204	0.5866	0.7237	0.5418	0.1380
Sargan test	1.0000	1.0000	1.0000	1.0000	1.0000

第四节　环境分权、环境注意力与环境污染：稳健性检验

本节同样基于长江经济带城市面板数据对环境分权、环境污染以及地方政府环境注意力三者之间的关系进行进一步检验。

一、研究设计

1. 变量选取

被解释变量：环境污染（POLLUTION）。在构建环境污染综合指标体系时，主要需考虑三方面的因素：一是尽可能全面地衡量环境污染综合水平；二是测算方法可靠；三是基础数据可得。在参考以往学者研究的基础上，本研究主要从废水排放、废气排放、固废排放三个角度采用熵值法进行合成，具体包括工业二氧化硫排放量、工业废水排放量、工业烟尘排放量三个基础指标。具体测度过程在本书第三章中已有表述，这里不再重复说明。

解释变量：环境分权（ED）。现有文献对环境分权指标主要有三种测度方法：一是早期国外学者从法律制度和事实特征两方面判别地方政府是否采用分权式的环境管理体制（Sigman，2005；Lutsey and Sperling，2008）；二是利用财政分权指标近似代替环境分权指标，但财政分权主要侧重于经济权利的划分，用其衡量环境分权并不准确（陆远权，2016）；三是采用地方政府环保机构人员分布情况测算环境分权指标，并将环境分权分为环境行政分权、环境监察分权、环境监测分权（祁毓，2014）。由于各地政府环保机构人员编制情况更能体现环境分权实质以及环境管理体制变化，因此被学者们广泛使用。鉴于地级市未公布环保机构人员数量，且本研究对象为长江经济带108个城市，因此本章重新考虑选取污染治理政策河长制衡量环境分权。河长制表征环境分权的合理性以及具体测度过程在本书第三章中已有表述，这里不再重复说明。为考察环境分权对环境污染的影响，本章将2003～2018年长江经济带各城市是否推行河长制作为虚拟变量，由于长江经济带各城市实施河长制的时间存在差异，且108个城市于2017年底之前已全部实施河长制，因此，本章参考巴克（2010）的研究，将未实施河长制之时的地级市视为控制组，反之视作实验组。根据样本期内是否实施河长制设置分组变量CITY，实施河长制的城市为1，否则取0，由于长江经济带所有城市在样本期内已全部实施河长制，故

CITY 值均为 1，同时根据地方河长制实施的年份不同设置时间变量 *YEAR*，地方在实施政策之前取值为 0，政策实施当年及之后取值为 1。*CITY* × *YEAR* 为分组虚拟变量和时间虚拟变量的交叉项，反映了环境分权对环境污染的净影响。

中介变量：地方政府环境注意力（*ZYL*）。本研究在王印红等（2017）做法的基础上进一步拓展，选取地方政府工作报告中与环境污染相关的关键词，通过计算其出现的频数衡量地方政府对于环境问题的关注程度和注意力分配情况。关于管理者注意力的度量有多种方法，主要包含文本分析法、问卷测量法和案例研究法等，其中文本分析法是目前注意力衡量最常用的方法，其将定性研究法与定量研究法结合在一起，且被应用于多个研究领域中。具体而言，文本分析法首先需选取与研究主题密切相关的关键词，其次对所研究的文本进行分析，计算文本中关键词被使用的次数，从而得到管理者注意力的数据。鉴于政府工作报告是政府工作的总结与规划部署的纲领性政策文件，能够较为直观地反映出决策者在一段时间内对环境问题的关注程度与其注意力分配情况。因此，地方政府工作报告中与环境污染相关词的频数可以描述地方政府注意力的强度和变化趋势。国内学者王印红等（2017）选取了与环境污染相关的生态、生态环境、生态文明、污染、节能、可持续发展、新能源、绿化、环保、环境治理、排放等十一个关键词，通过计算各地政府工作报告中关键词出现的频数，从而衡量地方政府对生态环境的注意力。在收集政府工作报告的过程中发现，文本中还包含很多关于生态环境方面的词汇，仅用十一个关键词不能全面准确地表征地方政府环境注意力，因此本章对关键词进行相应拓展，确定选取生态、生态环境、生态文明、节能、可持续发展、绿色、绿化、绿水青山、环境保护、环境治理（环境整治、环境污染整治、环境综合治理、污染治理）、环境质量、环境友好、美丽、污染、排放、大气污染、水污染（污水）、土壤污染、PM2.5、PM10、新能源、资源节约（能源节约）、能耗（能源强度、能源效率）作为度量地方政府环境注意力的关键词。本节基于注意力相关基础理论，以长江经济带 2003～2018 年 108 个城市的政府工作报告为研究对象，对长江经济带地方政府环境注意力进行测度，在此基础上分析长江经济带地方政府环境注意力的变迁情况。但由于个别城市的某些年份政府工作报告缺失，需采用均值填补法将数据补全。

产业升级（*IND*）。长江经济带的区位优势吸引大量重工业企业入驻，大量高消耗、高污染企业集聚在长江沿岸，长江经济带城市经济快速发展的同时面临着严重的重化工围江局面，生态环境不断恶化。长江经济带产业结构的优化升级直接影响生态环境质量（高楠，2017），现有文献中衡量产业升级有产业结构高级化、产业结构合理化、K 值、more 指数等，参考李强（2017）和韩永辉（2015）的做法，从产业结构高级化和产业结构合理化两个角度度量产业升级指标，用 *IND* 表征。

技术创新（*RD*）。技术创新被视作降低环境污染水平、优化生态环境质量的关键要素。技术创新主要通过两条路径对环境污染产生影响：一是通过生产环节的技术创新，实现减少投入、增加有效产出，进而提升生产效率，降低环境污染；二是通过治理环节的技术创新，淘汰升级现有污染物处理设备，提升污染治理效率。因此，参考高楠（2017）和李强（2018）的研究采用科研综合技术服务业从业人数占单位从业人数比重度量技术创新，用 *RD* 表征。

外商直接投资（*FDI*）。外商直接投资是影响生态环境污染的重要变量之一。现有文献证实外商直接投资与我国环境污染状况变化存在着密不可分的关系，但关于外商直接投资影响环境污染的研究结论尚未统一，主要有两种主流观点：一是国外企业将高污染产业向本国迁移，造成本国环境污染加剧（史青，2013；Dean，2002）；二是外商直接投资的引入提高了生产技术水平和资源利用效率，从而带动本国改善环境污染状况（Asghari，2013；Liang，2006）。选用外商直接投资占地区生产总值的比值作为衡量外商直接投资的指标，用 *FDI* 表征。

城镇化（*URBAN*）。国内外学者对城镇化与环境污染之间的关系进行了大量研究，并证实城镇化是影响环境污染的重要因素之一。学界将城镇化对环境污染的影响主要分为三类：一是城镇化与环境污染呈正向关系（Heinen J T.，1993）；二是城镇化与环境污染呈负向关系（Liddle，2003；张腾飞，2016）；三是城镇化与环境污染之间存在非线性关系（王家庭，2010）。因此，将城镇化纳入研究模型中，考虑到数据的可得性，采用省市户籍人口占总人口比重表征城镇化，用 *URBAN* 表示。

固定资产投资（*INVEST*）。长江经济带固定资产投资与环境污染之间联系紧密。将固定资产投资引入实证模型中，采用固定资产投资占 GDP 的比重表示，用 *INVEST* 表征。

2. 数据来源

鉴于数据可得性，选取长江经济带 108 个城市的样本数据，时间区间为 2003～2018 年，各指标数据均源于《中国城市统计年鉴》《中国环境年鉴》《中国环境统计年鉴》以及各城市的政府工作报告。由于样本期内巢湖、毕节、铜仁缺失大量数据而被剔除在外，个别缺失的地方政府环境注意力数据利用均值填补法补充完整。

二、环境分权对环境污染的影响研究

1. 模型设定

本部分首先检验环境分权是否有效减少环境污染，参考沈坤荣和金刚（2018）的做法，构建以环境污染为被解释变量的多期 DID 模型：

$$POLLTION_{it} = \beta_0 + \beta_1 ED_{it} + \alpha X_{it} + \gamma_t + \mu_i + \varepsilon_{it} \qquad (6-11)$$

其中，下标 i 表示第 i 个城市，下标 t 表示年份，ED_{it} 为解释变量环境分权，用第 i 个城市第 t 年是否实施河长制政策的虚拟变量表征，若第 i 个城市第 t 年已推行河长制政策，此时 $ED_{it}=1$，反之，$ED_{it}=0$，ED_{it} 即为 CITY（分组变量）以及 YEAR（时间变量）这两个虚拟变量的交叉项，ED_{it} 的系数 β_1 衡量了环境分权对环境污染的总效应。由于双重差分法主要看 CITY 与 YEAR 交叉项的系数，为避免多重共线性，因而只保留 CITY × YEAR，省去 CITY 和 YEAR。$POLLUTION_{it}$ 为被解释变量环境污染，γ_t 为时间固定效应，μ_i 为各城市的个体固定效应，X_{it} 为控制变量。

2. 结果分析

表 6-6 报告了长江经济带环境分权影响环境污染的实证检验结果。模型（1）中未加入控制变量，可以发现在 1% 的显著性水平下环境分权变量的系数为负，模型（2）中引入控制变量，可以发现加入控制变量后，解释变量的系数符号和显著性基本不变，环境分权估计系数在5% 的显著性水平下依然为负，因而实证结果具有一定的可靠性。初步表明样本期内环境分权与环境污染之间具有负向关系，环境分权有利于抑制生态环境进一步恶化，与陆凤芝等（2019）研究结论一致，也与前文机理分析结果相符。对此可能的解释是，相较于中央政府，地方政府在了解辖区污染真实状况和环境政策执行方面更具优势，有利于提高地方资源配置效率，与此同时地方政府强化环境管理力度，对高污染企业施加压力，迫使污染企业搬离本地区，从而在地区间形成"趋良竞争"的态势，有效改善生态环境质量。因此，加大环境分权力度，给予地方政府在环境治理相关事务上更多的自主权，落实地方官员环境保护的主体责任，是环境污染治理的重要手段。作为典型的地方污染治理制度的创新，河长制政策的推行降低了环境污染水平，提升了生态环境质量，同时证实了环境管理决策权力的下放给予不同治理措施更多的实验机会，为地方政府制定因地制宜的环境管理制度和污染治理措施创造出更多的可能性。

表6-6			基准回归结果		
模型	(1)	(2)	(3)	(4)	(5)
被解释变量	*POLLUTION*	*POLLUTION*	*L. POLLUTION*	*L2. POLLUTION*	*L3. POLLUTION*
ED	-0.0175*** (-2.91)	-0.0144** (-2.08)	-0.0139** (-2.40)	-0.0169*** (-3.46)	-0.0182*** (-4.06)
IND		-0.0499 (-1.53)	-0.0468* (-1.70)	-0.00476 (-0.28)	-0.00952 (-0.52)
RD		-0.0995 (-0.25)	-0.181 (-0.44)	-0.504 (-1.39)	-0.753** (-2.04)
FDI		0.124 (0.69)	0.118 (1.00)	0.139* (1.95)	0.0949 (1.33)
INVEST		0.00430 (0.21)	0.0413* (1.90)	0.0343* (1.77)	0.0139 (0.87)
URBAN		-0.0466 (-1.37)	-0.0859*** (-2.60)	-0.0275 (-1.22)	-0.0864*** (-4.14)
_CONS	0.534*** (25.96)	0.585*** (13.41)	0.591*** (14.54)	0.536*** (17.70)	0.608*** (21.96)
N	1728	1728	1620	1512	1404
R^2	0.831	0.832	0.846	0.870	0.896
adj. R^2	0.818	0.818	0.833	0.858	0.886

政策的制定实施可能不会立即显现其作用，相关政府部门需要一定时间向公众宣传、推广，公众也需要一定时间理解、适应、消化政策信息并作出反应。为研究环境分权对长江经济带环境污染的影响是否具有滞后性或持续性，本研究通过进一步检验环境分权对环境污染滞后一年、两年、三年的影响，从而分析环境分权对环境污染影响的时滞性，检验结果见表6-6中模型（3）至模型（5）。从中可以看出，解释变量环境分权滞后一期的系数与当年环境分权的系数相比，有小幅度的增加趋势，且在1%的统计水平下显著，表明环境分权对环境污染产生显著的抑制作用，环境分权滞后二期、三期系数依然显著为负，表明环境分权对污染具有长期显著抑制效应，且生态环境改善作用随着时间的推移而提高。可能的原因在于，在较长的一段时间内，环境分权的管理体制都能够发挥作用，地方政府获得更多的自主管理权，为制定因地制宜的环境管理制度和污染治理措施提供更多的实验机会，与此同时环境分权促使企业进行技术革新，建立完善的环境监管体系，降低环境污染程度。因此，环境分权对环境污染的

抑制效果越来越明显。模型（3）中控制变量产业升级系数显著为负，且通过10%的显著性检验，这表明产业结构优化升级明显降低了长江经济带环境污染水平，但这种影响具有滞后性。长江经济带沿岸重化工围江现象严重，给生态环境保护带来巨大压力，加快产业结构转型升级对长江经济带治污减排具有重要的现实意义。外商直接投资、固定资产投资系数均为正值，但模型（1）和模型（2）并未通过显著性检验，模型（3）至模型（5）中才通过显著性检验，表明外商直接投资、固定资产投资与环境污染存在微弱的滞后正向关联。技术创新和城镇化水平系数为负值，但模型（1）和模型（2）并未通过显著性检验，模型（3）至模型（5）中才通过显著性检验，表明技术创新、城镇化水平与环境污染存在微弱的滞后负向关联，即技术创新和城镇化对环境污染的抑制作用是滞后的。

3. 稳健性检验

（1）区域异质性检验。

由于长江经济带范围覆盖我国11个省（市），且其上、中、下游城市之间经济社会发展差异十分明显，为进一步验证基准回归结果的稳健性，将长江经济带108个城市分为上游、中游、下游三个区域，分别检验各区域环境分权对不同流域环境污染的影响，并比较三个区域DID回归结果。检验结果见表6-7。可以看出，中游环境分权变量系数为负，且通过5%的显著性水平检验，这表明中游城市分权的环境管理制度对环境污染有较大的抑制作用，即中游城市河长制实施能有效降低环境污染。上、下游城市环境分权对环境污染的影响并不显著。综合而言，长江经济带中游环境分权对环境污染的遏制作用最大，上、下游较小，主要原因可能是上游经济社会发展较为落后，生态环境污染程度偏低，环境分权监管体制对环境质量改善效果较小；中游区域重工业企业和人口分布密集，流域生态环境遭到严重破坏，分权式的环境监管体制能够有效发挥其减排效应；下游区域经济发达，环境治理模式和成果已经比较成熟，环境分权监管体制对环境质量改善效果较小。

表6-7　　　　　　　　　　　区域异质性检验

模型	（1）下游	（2）中游	（3）上游
被解释变量	*POLLUTION*	*POLLUTION*	*POLLUTION*
ED	0.00617 (0.54)	-0.0164 * (-1.69)	0.0142 (0.81)

模型	(1) 下游	(2) 中游	(3) 上游
RD	−0.843 (−1.63)	−1.069 *** (−2.83)	−0.162 (−0.30)
FDI	−1.210 *** (−5.96)	−0.406 *** (−3.72)	−4.563 *** (−7.56)
INVEST	0.0165 (0.67)	0.0894 *** (5.10)	−0.158 *** (−5.77)
URBAN	−0.413 *** (−14.87)	−0.175 *** (−5.47)	0.105 (1.52)
IND	−0.180 *** (−7.92)	−0.0556 *** (−3.88)	−0.0357 (−1.11)
_CONS	1.080 *** (93.03)	0.958 *** (124.30)	0.931 *** (61.24)
N	656	576	496
R^2	0.449	0.139	0.235
adj. R^2	0.444	0.130	0.226

（2）排除其他事件的干扰。

由于本章研究期限为 2003～2018 年，在此期间内除了推行河长制政策以外，还包含五大发展理念（2015 年）的实施，因此，为排除五大发展理念影响实证结果，借鉴钱雪松（2018）的做法，引入是否实施五大发展理念的分组虚拟变量和实施时间虚拟变量的交叉项，通过控制此政策的实施检验环境分权对环境污染的影响，进一步验证研究结论的稳健性。本章将 PLAN × PERIOD 变量作为控制变量进行实证检验，以排除五大发展理念对实证结果的干扰。具体地，PLAN 为是否实施五大发展理念的虚拟变量，如果实施五大发展理念取值为 1，否则为 0，PERIOD 为五大发展理念实施时间的虚拟变量，若在 2016～2017 年取值为 1，否则为 0。表 6－8 中，模型（1）和模型（2）分别为未加入控制变量和加入控制变量的检验结果，环境分权的系数估计值在 5% 的统计性水平下显著为负，这表明在控制了五大发展理念的影响之后，环境分权对环境污染的减排作用仍然显著存在。控制变量外商直接投资、固定资产投资系数均为正值，但并未通过显著性检验，产业升级、城镇化水平、技术创新系数为负值，但不显著，检验结果与前文基准回归结果基本一致。

表6-8 排除其他事件的干扰

模型	(1)	(2)
被解释变量	POLLUTION	POLLUTION
ED	-0.0175 *** (-2.91)	-0.0144 ** (-2.08)
PLAN × PERIOD	0.0314 *** (2.97)	0.0370 (1.44)
IND		-0.0499 (-1.53)
RD		-0.0995 (-0.25)
FDI		0.124 (0.69)
INVEST		0.00430 (0.21)
URBAN		-0.0466 (-1.37)
_CONS	0.534 *** (25.96)	0.585 *** (13.41)
N	1728	1728
R^2	0.831	0.832
adj. R^2	0.818	0.818

（3）河长制对水污染的影响。

环境分权给予地方政府在环境监管上更多权限，地方政府能够根据当地环境实际情况制定相应的环境监管办法和治理措施，且这些办法和措施能够充分进行实验，河长制就是地方污染治理制度创新的典范，其本质便是环境分权。本章用各城市是否实施河长制的虚拟变量作为衡量环境分权的代理指标，河长制是一种自下而上的水污染治理政策，为解决太湖蓝藻污染事件而规定各级党政领导人负责辖区内河流污染治理。鉴于河长制政策主要针对的是水生态污染的治理，因此，为进一步考察河长制实施对水污染的影响，检验结果见表6-9。表6-9中模型（1）为河长制的实施对水污染的影响，水污染排放总量用工业废水排放量表征，结果表明河长制虚拟变量的系数在1%的统计水平下为负，表明河长制对水污染抑制作用明显。模型（2）进一步将工业废水排放量替换成单位GDP工业废水排放量，结果发现河长制的系数在1%的统计水平下为负，表明河长制的实施显著降低单位GDP废水排放量。为考察环境分权对单位GDP工业废水排放量的影响是否具有滞后性，对单位GDP工业废水排放量做滞后一期、二期处理。模型（3）和模型（4）分别为环境分权影响单位GDP工业废水排放量滞后一期、二期的回归结果，从中可看出，环境分权系数均显著为负，表明环境分权对单位GDP工业废水排放具有长期显著的抑制效应，环境分权式管理体制在较长的一段时间内能够发挥作用。原因可能是，水污染是用工业废水排放总量表征的，随着经济社会的发展，与河长制政策的减排效果相比，虽然工业废水排放总量在不断增加，但单位GDP废水排放量是不断减少的。此外，还可以看出，滞后一期、二期环境分权系数的绝对值均大于当期值，意味着环境分权对单位GDP工业废水排放的抑制作用越来越明显。

表6-9 河长制对水污染的影响

模型	（1）	（2）	（3）	（4）
被解释变量	*SHUI*	*PSHUI*	*L. PSHUI*	*L2. PSHUI*
ED	-0.424 *** (-6.24)	-4.225 *** (-7.20)	-5.292 *** (-8.76)	-5.119 *** (-8.39)
RD	8.332 *** (3.37)	-23.32 (-1.09)	-18.43 (-0.81)	-3.116 (-0.13)
FDI	9.530 *** (8.73)	18.04 * (1.91)	3.069 (0.31)	9.541 (0.93)
INVEST	-0.301 ** (-2.55)	-7.884 *** (-7.73)	-5.060 *** (-4.82)	-7.046 *** (-6.65)
IND	0.559 *** (4.61)	-3.702 *** (-3.53)	-3.913 *** (-3.62)	-4.649 *** (-4.26)

模型	（1）	（2）	（3）	（4）
URBAN	3.223 *** (17.78)	0.830 (0.53)	1.147 (0.70)	0.820 (0.49)
_CONS	-0.311 *** (-5.36)	11.35 *** (22.61)	11.96 *** (22.53)	12.64 *** (22.95)
N	1728	1728	1620	1512
R^2	0.290	0.152	0.134	0.168
adj. R^2	0.288	0.149	0.131	0.165

三、环境分权对地方政府环境注意力的影响研究

1. 模型设定

为检验环境分权对地方政府环境注意力的影响，本章设置如下模型：

$$ZYL_{it} = \beta_0 + \beta_1 ED_{it} + \alpha X_{it} + \gamma_t + \mu_i + \varepsilon_{it} \tag{6-12}$$

其中，$ED_{it} = 1$ 表示第 i 个城市第 t 年已经实施河长制政策，反之，$ED_{it} = 0$，同理，为避免多重共线性对实验结果造成影响，这里忽略 YEAR 和 CITY，只报告 YEAR 和 CITY 的交叉项 ED_{it}。ZYL_{it} 为被解释变量地方政府环境注意力，通过收集各地政府工作报告，计算政府工作报告中关键词出现的频数，进而测度地方政府对生态环境的注意力。下标 i 表示第 i 个城市，下标 t 表示年份，γ_t 为时间固定效应，μ_i 为各城市的个体固定效应，X_{it} 为控制变量。

2. 结果分析

表6-10报告了长江经济带环境分权对地方政府环境注意力影响的实证检验结果。鉴于控制变量之间存在一定相关性，采用逐步回归的方法识别控制变量之间相关性是否对实证结果产生影响。模型（1）中未加入控制变量，发现在5%的显著性水平下环境分权变量的系数为正，模型（2）至模型（6）中逐步加入控制变量，发现解释变量环境分权系数基本上显著为正，且通过了5%的显著性检验，初步表明样本期内环境分权与地方政府环境注意力之间存在正相关关系，分权的环境管理体制促使地方政府将注意力聚焦在环境保护领域，地方政府对环境的注意力强度不断增加，验证了前文研究机理。可能原因在于，一方面环境分权明确了有关央地之间环境保护与污染治理方面的责任和权利的配置问题，通过调整并优化环境事权的划分解决央地信息不对称和目标不统一的问题，进而提升

地方政府对环境保护和污染治理的注意力；另一方面，环境分权下地方政府被给予更多的环境监管事权，地方政府能够根据当地实际状况出台相应的政策文件以及地方法规等，进一步提升地方政府对环境保护和污染治理的注意力。因此，加大环境分权力度是地方政府赋予生态环境问题更高关注度的重要方式。控制变量产业升级变量系数均为正，但并不显著，表明产业结构的优化升级对地方政府环境注意力没有明显的促进作用。固定资产投资变量系数显著为正，表明其对地方政府环境注意力具有明显的促进作用。外商直接投资、城镇化水平变量系数均为负但未通过显著性检验。技术创新变量系数显著为负，表明其对地方政府环境注意力具有明显的抑制作用。

表 6 – 10 基准回归结果

模型	(1)	(2)	(3)	(4)	(5)	(6)	(7)	(8)	(9)
被解释变量	ZYL	ZYL	ZYL	ZYL	ZYL	ZYL	L. ZYL	L2. ZYL	L3. ZYL
ED	0.0313 **	0.0288 **	0.0287 **	0.0258 **	0.0257 **	0.0238 *	– 0.00952	– 0.0132	– 0.0172
	(2.53)	(2.32)	(2.29)	(2.07)	(2.06)	(1.78)	(– 0.76)	(– 1.04)	(– 1.37)
RD		– 1.529 **	– 1.530 **	– 1.184 *	– 1.181 *	– 1.185 *	– 0.0282	0.805	1.065
		(– 2.21)	(– 2.21)	(– 1.67)	(– 1.67)	(– 1.68)	(– 0.04)	(1.06)	(1.33)
FDI			– 0.0213	– 0.0519	– 0.0511	– 0.0423	– 0.111	– 0.132	– 0.176
			(– 0.15)	(– 0.36)	(– 0.35)	(– 0.29)	(– 0.31)	(– 0.57)	(– 0.83)
INVEST				0.0819 **	0.0820 **	0.0815 **	0.0586 *	0.0732 **	0.0682 **
				(2.35)	(2.35)	(2.34)	(1.82)	(2.31)	(2.21)
URBAN					– 0.00614	– 0.00346	0.0356	– 0.00993	– 0.0126
					(– 0.10)	(– 0.05)	(0.55)	(– 0.17)	(– 0.24)
IND						0.0279	0.0780	0.0802	0.0609
						(0.50)	(1.33)	(1.41)	(0.89)
_CONS	0.189 ***	0.247 ***	0.248 ***	0.208 ***	0.212 ***	0.198 ***	0.116	0.119 *	0.136 **
	(6.66)	(6.38)	(6.31)	(4.86)	(3.35)	(2.84)	(1.64)	(1.79)	(2.04)
N	1728	1728	1728	1728	1728	1728	1620	1512	1404
R^2	0.672	0.673	0.673	0.675	0.675	0.675	0.660	0.658	0.610
adj. R^2	0.647	0.648	0.648	0.650	0.650	0.649	0.631	0.627	0.572

为研究长江经济带环境分权对地方政府环境注意力的影响是否存在时滞性，本章将通过对环境污染进行滞后一年、两年、三年的处理，进而分析环境分权对地方政府环境注意力的影响，检验结果见表6－10中模型（7）至模型（9）。模型（7）至模型（9）中 L. ZYL、L2. ZYL、L3. ZYL 分别为地方政府环境注意力滞后一期、二期、三期，结果表明环境分权变量的系数不显著为负，环境分权对地方政府环境注意力的影响只在当期有明显的效果，随着时间的推移，环境分权对地方政府环境注意力不再有促进作用，甚至出现微弱的负向影响。此外，还可以看出，环境分权变量系数绝对值在不断提高，因此，环境分权对地方政府环境注意力的促进作用不具有持续性。

3. 稳健性检验

（1）反事实检验。

为考察环境分权对地方政府环境注意力的促进作用是否受到其他随机性因素的影响，借鉴范子英（2019）和史贝贝（2019）的做法，改变各地河长制的实施时间进行时间反事实检验。将实施河长制的时间分别提前一年、两年，分别用 l1ED、l2ED 表征。若估计结果显示环境分权对地方政府环境注意力影响显著，则说明存在其他因素影响地方政府对环境问题的关注度；若环境分权变量系数不显著，则说明环境注意力的促进作用完全来自环境分权。从表6－11反事实检验结果可以看出，l1ED、l2ED 系数均不显著，这表明并不存在着其他随机因素影响估计结果，该结果进一步验证对地方政府环境注意力的促进作用不是由其他因素导致的，而是源自分权式环境管理体制，即河长制政策的实施。控制变量结果与前文基本一致。

表 6－11 反事实检验结果

模型	（1）	（2）
被解释变量	ZYL	ZYL
l1ED	－ 0. 00660 （ － 0. 55）	
l2ED		－ 0. 0121 （ － 0. 99）
RD	－ 1. 329 * （ － 1. 87）	－ 1. 333 * （ － 1. 88）

模型	(1)	(2)
FDI	− 0.0697 (− 0.47)	− 0.0611 (− 0.42)
INVEST	0.0852 ** (2.44)	0.0853 ** (2.45)
URBAN	− 0.0106 (− 0.16)	− 0.0117 (− 0.18)
IND	0.0584 (1.10)	0.0605 (1.15)
_CONS	0.195 *** (2.78)	0.194 *** (2.78)
N	1728	1728
R^2	0.675	0.675
adj. R^2	0.649	0.649

（2）分区域异质性检验。

本章将长江经济带分为上、中、下游三个区域,从区域异质性角度检验环境分权对地方政府环境注意力的影响,检验结果见表 6 - 12。可以看出,上、中、下游环境分权变量系数均显著为正。这表明长江经济带上、中、下游的环境分权政策均提高了地方政府环境注意力。对于控制变量而言,不同流域的控制变量对地方政府环境注意力的影响有较大差异。长江经济带下游技术创新、固定资产投资、城镇化水平以及产业升级与地方政府环境注意力呈正向关系,且大多通过 1% 的显著性检验,外商直接投资变量系数显著为负。长江经济带中游固定资产投资、产业升级、城镇化水平与地方政府环境注意力呈正向关系,且大多通过 1% 的显著性检验,技术创新和外商直接投资变量系数为负但不显著。长江经济带上游固定资产投资和产业升级系数显著为正且大多通过 1% 的显著性检验,技术创新、外商直接投资、城镇化变量系数为正但不显著。

表 6 - 12　　　　　　　　区域异质性检验

模型	(1) 下游	(2) 中游	(3) 上游
被解释变量	ZYL	ZYL	ZYL
ED	0.147 *** (8.29)	0.142 *** (6.17)	0.167 *** (7.78)
RD	0.313 (0.39)	- 1.023 (- 1.14)	0.491 (0.75)
FDI	- 0.760 ** (- 2.43)	- 0.194 (- 0.75)	0.970 (1.31)
INVEST	0.276 *** (7.28)	0.183 *** (4.40)	0.159 *** (4.73)
URBAN	0.0635 (1.49)	0.196 ** (2.57)	0.0207 (0.24)
IND	0.140 *** (3.99)	0.175 *** (5.14)	0.193 *** (4.88)
_CONS	0.253 *** (14.20)	0.240 *** (13.10)	0.238 *** (12.74)
N	656	576	496
R^2	0.428	0.356	0.301
adj. R^2	0.422	0.349	0.293

（3）增加控制变量。

为进一步检验双重差分法估计结果的稳健性，除了原有的控制变量以外，将第三产业发展水平和财政分权变量引入计量模型中，并控制第三产业比重增加和财政分权水平提高对地方政府环境注意力的影响。第三产业发展水平用第三产业占 GDP 的比重表征，财政分权采用各城市财政收入占 GDP 的比重表征。增加控制变量后 DID 回归结果见表 6 - 13。环境分权对地方政府环境注意力的正向影响依然显著，这与前文基准回归结果是一致的，因此环境分权提高地方政府环境注意力的结论较为可靠。模型（2）中控制变量技术创新变量系数显著为正，外商直接投资、城镇化水平和新增的第三产业发展水平变量系数为负且均不显著，固定资产投资对地方政府环境注意力具有正向的影响且通过了显著性检验，产业升级变量系数为正且不显著。模型（2）中控制变量技术创新显著性降低，新增的财政分权变量系数为正，却没有通过显著性检验，这表明财政分权水平的提升对地方政府对环境问题的关注程度无明显的促进作用。

表6－13 增加控制变量的回归结果

模型	(1)	(2)	(3)
被解释变量	ZYL	ZYL	ZYL
ED	0.0313** (2.53)	0.0270** (2.00)	0.0281** (2.08)
RD		−1.182* (−1.66)	−1.151 (−1.62)
FDI		−0.0328 (−0.22)	−0.225 (−1.11)
INVEST		0.0821** (2.35)	0.0869** (2.47)
URBAN		−0.0106 (−0.16)	−0.0148 (−0.23)
IND		0.111 (1.41)	0.130 (1.63)
SERVICE		−0.230 (−1.35)	−0.264 (−1.53)
FD			0.133 (1.49)
_CONS	0.189*** (6.66)	0.298*** (2.83)	0.297*** (2.85)
N	1728	1728	1728
R^2	0.672	0.676	0.677
adj. R^2	0.647	0.650	0.651

四、中介效应检验

1. 基于 Bootstrap 方法的中介效应实证检验结果

目前，Bootstrap 方法被学者们普遍应用于心理学、行为学等各个领域，是一种从原始样本中随机重复抽样的方法。为检验地方政府环境注意力的中介效果是否存在,借鉴陈瑞(2014)Bootstrap 方法进行中介效应检验,选择偏差校正的非参数百分位取样方法,样本量选择 5000,如果说 95% 置信区间不包括数字 0,则说明具有中介作用,检验结果见表 6 - 14。在使用 SPSS22 软件运行 PROCESS 插件之后,得到 LLCI = - 0.0565,ULCI = - 0.0292,依据陈瑞(2014)对 Bootstrap 法检验结果的分析,中介效应检验结果并没有包含 0,说明了地方政府环境注意力的中介效应显著,且中介效应大小是 - 0.0146。另外,从 LLCI = - 0.0443,ULCI = - 0.0122,区间不包含 0 可以看出,环境分权对环境污染的直接影响效应也是显著的。因此,地方政府环境注意力在环境分权对环境污染的影响中发挥了中介作用。

表 6 - 14　　　　　　　　地方政府环境注意力中介效应的实证结果

ED		Effect	(Boot) SE	t	p	(Boot) LLCI	(Boot) ULCI
POLLUTION	Total	- 0.0428	0.0069	- 6.1644	0.000	- 0.0565	- 0.0292
	Direct	- 0.0282	0.0082	- 3.4566	0.0006	- 0.0443	- 0.0122
	Indirect	- 0.0146	0.0052			- 0.025	- 0.0049

2. 地方政府环境注意力在环境分权与水污染之间的中介作用

由于河长制政策主要解决的是水污染问题,因此本研究将被解释变量环境污染替换成水污染指标,并用工业废水排放总量表征,进一步研究环境分权影响水污染中地方政府环境注意力的中介作用,检验结果见表 6 - 15。表 6 - 15 中模型(1)为河长制的实施对水污染排放总量的影响,地方政府环境注意力对工业废水排放总量有负向影响,环境分权变量系数在 10% 的显著性水平下显著为负,表明河长制对工业废水排放总量的抑制明显,依据温忠麟(2014)逐步回归系数判断步骤可知,中介效应成立。模型(2)则进一步将工业废水排放总量除以地区生产总值得到单位 GDP 工业废水排放量,结果发现在 1% 的显著性水平下地方政府环境注意力变量的系数显著为负,表明不断提升的地方政府环境关注度会导致本地区的单位 GDP 工业废水排放量不断减少,再次验证地方政府环境注意力对环境污染有明显的抑制作用,河长制虚拟变量的系数在 1% 的统计水平下为负,表明河长制的实施显著降低了单位 GDP 工业废水排放量。

表6–15　地方政府环境注意力在环境分权与水污染之间的中介作用

模型	(1)	(2)
被解释变量	SHUI	PSHUI
ZYL	–0.238* (–1.65)	–12.46*** (–10.30)
ED	–0.387*** (–5.42)	–2.301*** (–3.84)
RD	8.409*** (3.40)	–19.30 (–0.93)
FDI	9.450*** (8.65)	13.87 (1.51)
INVEST	–0.252** (–2.07)	–5.284*** (–5.17)
URBAN	3.241*** (17.86)	1.816 (1.19)
IND	0.599*** (4.85)	–1.601 (–1.54)
_CONS	–0.254*** (–3.75)	14.36*** (25.27)
N	1728	1728
R^2	0.291	0.201
adj. R^2	0.289	0.198

综上所述，地方政府环境注意力在环境分权与水污染之间发挥显著的中介效应作用，即环境分权通过地方政府环境注意力这一传导机制明显降低了工业废水排放总量和单位 GDP 工业废水排放量。

第五节　本章小结

落实"五位一体"是发展中国特色社会主义事业的总体布局，而推进我国环境污染治理进程，加快我国生态文明建设更是其重中之重。环境污染具有典型的外部性特征，与之相伴而生的是环境治理权责不明晰、地方政府与公众环境治理意愿不强等问题，这也是目前影响我国环境治理成效的关键因素。因此，本章选择引入心理学中的注意力理论，首先将地方政府与环境注意力之间的内在关系进行梳理，建立耦合协调度模型探究地方政府与环境注意力之间的内在关联；其次，本章集中探讨地方政府环境注意力对我国环境污染的机理及其效应，并探究环境分权的调节效应，基于2000～2015年我国30个省（区、市）省级面板数据，实证研究环境分权背景下地方政府环境注意力对环境污染的影响效应；最后，基于2003～2018年长江经济带108个地级市的市级数据实证研究环境分权、地方政府注意力和环境污染三者之间的关系，主要研究结论如下：

（1）地方政府环境注意力的提升能够改善该地区的生态环境质量，意味着河长制的实施、环境分权治理是实现绿色发展的重要手段。引入环境分权调节效应后，地方政府环境注意力对环境污染的影响效应提升，意味着环境分权对地方政府环境注意力的减排效应具有正向调节效应。考虑空间溢出效应的空间杜宾模型回归结果表明，地方政府环境注意力提升将显著降低环境污染水平，但这种影响主要源于直接效应，其空间溢出效应不明显。

（2）本章研究表明环境分权有利于降低我国的环境污染水平，即环境分权优于环境集权。此外，"环境分权—地方政府环境注意力—环境污染"是环境分权影响环境污染的重要传导机制。研究还发现，引入环境行政分权、环境监察分权和环境监测分权的稳健性检验进一步验证了以上结论。本章内容为我国环境治理领域的分权改革（如河长制的实施）提供了理论支撑，也为我国流域环境治理提供了重要参考。

（3）基于长江经济带市级面板数据的稳健性检验结果表明，一方面，环境分权与环境污染之间具有负向关系，即环境分权有利于抑制生态环境进一步恶化，并且环境分权对污染具有长期显著抑制效应，即生态环境改善作用会随着时间的推移而提高。另一方面，区域异质性研究结果表明长江经济带中游城市分权的环境管理制度对环境污染有较大的抑制作用，即中游城市河长制实施能有效降低环境污染。上、下游城市环境分权对环境污染的影响并不显著；排除其他事件干扰的检验结果表明在控制了五大发展理念的影响之后，环境分权对环境污染的减排作用仍然显著存在。此外，本章进一步考察河长制实施对水污染的影响，研究结果表明河长制对水污染抑制作用明显，河长制的实施显著降低废水排放总量和单位GDP废水排放量，并且环境分权对水污染的抑制作用会越来越明显。一方面，长江经济带环境分权对地方政府环境注意力影响的实证检验结果表明，样本期内环境分权与地方政府环境注意力之间存在正相关关系，分权的环境管理体制促使地方政府将注意力聚焦在环境保护领域，地方政府对环境的注意力强度不断增加，验证了前文研究机理。另一方面，反事实检验结果表明并不存在其他随机因素影响估计结果，该结果进一步验证对地方政府环境注意力的促进作用不是由其他因素导致的，而是源自分权式环境管理体制，即河长制政策的实施；分区域的异质性检验结果表明，长江经济带各流域的环境分权均提高了地方政府环境注意力。增加控制变量的检验结果进一步验证了双重差分法估计结果的稳健性。此外，地方政府环境注意力的中介效应检验结果表明，地方政府环境注意力在环境分权对环境污染的影响中发挥了中介作用。进一步的研究中表明地方政府环境注意力在环境分权与水污染之间也发挥了显著的中介作用，即环境分权通过地方政府环境注意力这一传导机制明显降低了工业废水排放总量和单位 GDP 工业废水排放量。

第七章 环境分权的减排效应研究：
地方政府环境治理视角

本章从地方政府环境治理视角揭示环境分权影响环境污染的内在机制。首先，在省级层面采用静态面板、动态面板等实证方法进行研究，对环境分权、地方政府环境治理投资与环境污染之间的关系进行系统分析，总结环境分权影响环境污染的内在机理；其次，在市级层面采用双重差分法探讨进行检验，采用空间计量、区域异质性、变更核心解释变量等实证方法进一步检验本章研究结论的稳健性；最后，梳理并总结本章研究结论。

第一节 引 言

改革开放以来，我国经济快速增长，但生态环境却遭到了较为严重的破坏，以牺牲生态环境为代价的粗放型经济增长模式急需转型升级，也不具有可持续性，因此，环境综合治理问题已经成为我国当前经济发展进程中亟待解决的关键问题。国家"十三五"规划中绿色发展理念被首次作为国策提出，意味着绿色发展将成为未来一个阶段我国经济社会发展的主基调，如何推进我国环境治理也成为政府与学界关注的焦点问题。西方发达国家的环境治理实践起步较早，其环境政策主要经历了命令控制型、市场激励型与自愿参与型，进而形成了环境治理中的三大学派：环境干预主义学派、市场环境主义学派和自主治理学派（罗小芳、卢现祥，2011）。环境干预主义学派的理论基础是庇古税理论，主张以征税和补贴方式解决环境污染的外部性问题；市场环境主义学派的理论基础源于科斯定理，主张以排放权交易等市场机制解决环境污染问题；自主治理学派的理论基础源于制度经济学家奥斯特罗姆的自主治理理论，主张通过制度供给、可信承诺及相互监督等方式解决环境治理问题，使外部性内部化。目前来看，中央与地方政府是我国环境政策制定与实施的主要执行者，主要基于庇古税和科斯定理等理论制定相应的环境政策，其中，征税、排放权交易是被广泛采用的环境治理举措，正式与非正式环境规制是学者们研究的重要领域。在中央与地方政府环境治理实践中，环境治理绩效常易受到环境治理目标不一致、信息不对称等因素的影响。因此，环境政策究竟应该由中央政府还是地方政府制定、中央政府环境政策与地方政府环境政策效应孰优孰劣，现有文献的研究存在分歧（李强，2018）。《中华人民共和国环境保护法》规定，地方各级人民政府应对本辖区的环境质量负责，由此可知，我国的环境治理本质上实行的是地方政府负责制（黄滢等，2016）。实际上，在我国环境治理政策制定与实施过程中也存在中央政府向地方政府不断分权的过程，如已经在全国推行的河长制①，其本质是环境分权。那么，环境分权有利于我国环境污染治理吗？环境分权是如何影响环境污染的？有鉴于此，本章在系统考察环境分权减排效应的基础上，基于地方政府竞争视角，探究地方政府环境治理中的标尺效应，从标尺效应视角探究环境分权影响环境污染的作用机理，研究结论为我国环境政策制定与实施提供重要支撑，最后针对性地提出相应的政策建议。

一直以来，环境分权抑或环境集权是环境治理研究中学者关注的热点问题，也是存在较大分歧的研究领域，环境联邦主义（Environmental Federalism）较早对此展开了分析，讨论的核心是环境治理中的管理模式问题，主要围绕中央与地方政府环境治理中权责分配问题展开讨论（Millimet，2003），其本质是环境分权与环境集权的选择问题。环境集权管理的优势在于环境治理中的信息共享与规模效应，也有利于抑制地方政府在环境治理中的"逐底竞争"（Sigman，2014），但不足之处在于难以制定符合各地实际情况的环境规制政策。同时，环境分权管理的优势在于地方政府相较于中央政府更为了解本地居民的需求，因而地方政府制定的环境政策可能更为符合居民的需求，但不足之处在于易于出现地方政府环境治理中的"单打独斗"，跨区域协同机制难以建立。国外学者奥茨（2001）的研究表明，中央政府与地方政府环境政策效应与环境污染的外溢效应和地区差异有关，当地方经济发展水平差异较大时，环境政策应由地方政府制定；当环境污染的外溢效应较大时，环境政策应由中央政府统一制定。综合而言，国外学者的研究主要有两种结论：一种是环境分权治理效果优于

---

① 2016 年 12 月 11 日中共中央办公厅、国务院办公厅印发了《关于全面推行河长制的意见》，明确要求各级地方政府在 2018 年底前全面建立河长制。

环境集权。环境分权治理有利于激励地方政府制定出切合地方实际的环境政策（Tiebout，1956），环境分权治理有助于提高环境质量（Magnani，2000；Falleth and Hovik，2009），特别是当中央政府与地方政府偏好存在较大差异时，环境分权治理绩效显著提升（Garcia and Maria，2007）。另一种是环境集权治理效果优于环境分权。早期文献主要从财政分权视角考察环境治理绩效问题，大量文献的研究表明，财政分权将加剧环境污染水平（Cumberland，1981；Kunce，2007）。环境分权方面，考虑到环境污染的公共物品属性和外部性特征，中央政府制定环境政策有助于弱化地方政府环境治理中的策略互动行为（Gray and Shadbegian，2002），进而提高环境治理绩效（Banzhaf and Chupp，2012），即环境集权背景下环境治理效果显著提升（Helland and Whitford，2002；Oyon，2005）。综合而言，现有文献的研究结论存在分歧，同时，也有学者的研究表明，环境政策究竟应该由中央政府抑或地方政府制定，需要考虑特定的时空条件。

近年来，环境集权与环境分权的争论一直是国内学者探讨的重点问题，现有文献的研究主要沿着两个方向展开：一是探讨了河长制对环境污染（特别是水污染）的影响。自 2007 年江苏太湖蓝藻水污染事件以来，河长制成为地方政府水污染治理采用较多的一种手段。河长制主要通过地方党政领导担任辖区内河流的河长，实行地方党政领导负责制，这一举措取得了较好成效，因此，河长制在地方政府水污染治理中得到迅速推广，并广泛应用于环境污染的治理中。为此，2016 年国务院出台《关于全面推行河长制的意见》，河长制自此成为学者研究的热点问题。早期文献的研究主要从理论上阐释了河长制的理论渊源及其合理性，如王书明和蔡萌萌（2011）、周建国和熊烨（2017）等学者的研究，他们从制度经济学角度分析了河长制的优劣势及其合理性。也有学者的研究表明，河长制是流域跨区域、跨部门协同治理的有效手段，其短期效应尤为明显（任敏，2015）。沈坤荣和金刚（2018）基于国控监测点水污染及河长制数据，采用双重差分法，实证研究了河长制的水污染减排效应，研究表明，河长制具有降低水污染的效果，但并未显著降低水中深度污染物。二是环境分权对环境污染的影响研究。祁毓等（2014）首次运用环境分权、行政分权、监测分权和监察分权四类指数，实证研究发现环境分权会加剧我国环境污染。综合而言，现有文献的研究主要有两种观点：一种观点认为环境分权将加剧我国环境污染水平，如陆远权和张德钢（2016）、盛巧燕和周勤（2017）、张华等（2017）等学者的研究，即环境集权效果优于环境分权；另一种观点认为，环境分权治理将降低环境污染水平，如白俊红和聂亮

（2017）等学者的研究，即环境分权效果优于环境集权。综合而言，现有学者的研究结论尚存分歧。李强（2018）首次探讨了河长制与环境分权之间的关联，从地方政府行为视角阐释了环境分权影响环境污染的内在机理，认为河长制的本质是环境分权，其实证研究结果表明环境分权的减排效应优于环境集权。也有学者研究了环境分权对产业转型升级（彭星，2016）、企业全要素生产率（李强，2017）的影响。

综上所述，学界就环境分权的研究尚处于起步阶段，现有文献从不同维度探讨了河长制、环境分权与环境污染之间的关联，这为本章的进一步探索提供了有益借鉴。但是，现有文献的研究主要集中于环境分权减排效应的实证研究方面（祁毓等，2014；张华等，2017；白俊红和聂亮，2017），就环境分权影响环境污染的内在机理涉及较少，虽有一些文献从地方政府行为角度阐释了环境分权对环境污染的作用机制（李强，2018），但缺少系统深入的研究。本章首先厘清环境分权、环境污染以及标尺竞争三者之间的内在关联，其次，从河长制和环境分权制度创新角度揭示地方政府环境治理中的标尺竞争，引入计量模型实证研究地方政府环境治理中的标尺效应，探究环境分权背景下地方政府环境治理的"同群效应"。最后，基于我国省级面板数据，实证研究环境分权对环境污染的影响、环境分权对标尺竞争的影响以及标尺竞争对环境污染的影响，探究环境分权对环境治理投资减排效应的调节作用，并针对性地提出相应的政策建议。

第二节　模型构建、变量设定与数据说明

一、样本数据

考虑到数据的可得性，实证研究基于我国 30 个省（区、市）2002～2015 年省级面板数据展开，西藏由于缺少大量数据而被排除在外，共计得到 420 个样本观测值。各地区环境分权（包括环境行政分权、环境监测分权和环境监察分权）、环境治理投资以及环境污染变量数据来源于《中国环境统计年鉴》和《中国环境年鉴》，经济增长、对外开放、投资、城镇化等变量数据主要来源于《中国统计年鉴》，部分年份个别数据缺乏，通过查阅地方政府统计年鉴得到，财政分权变量数据来源于《中国统计年鉴》和《中国财政年鉴》。

二、变量定义与描述性统计

环境分权。环境分权指数（*ED*）的构建参考祁毓等（2014）、李强（2018）的做法，采用地方环保人数占全国环保人数之比表征，同样得到环境行政分权（*EAD*）、环境监察分权（*EMD*）和环境监测分权（*ESD*）指数。

环境污染。现有文献对环境污染的度量无一致表征。为尽可能全面地表征环境污染水平，选用工业废水排放量、工业废气排放量、工业二氧化硫排放量、工业粉尘排放量、工业烟尘排放量、工业固体废弃物排放量等六个环境污染数据构建环境污染综合指数。为避免不同指标衡量标准的不同进而影响综合指数结果，对六个环境污染指数进行标准化。由于熵值法是较为客观的权重赋值方法，本章采用熵值法进行变量权重指数的构建，然后计算得到环境污染综合指数，用 *POLLUTION* 表示。

环境治理投资。地方政府对环境污染和环境治理的重视程度可以从环境治理投资指标中看出，因此环境治理投资是衡量地方政府环境注意力的关键指标。这里采用《中国环境统计年鉴》中报告的我国各省（区、市）环境污染治理投资总额数据表示，用 IEM_{it} 表示。

相邻地区环境治理投资。地方政府环境治理过程中存在"同群效应"，本章为探究相邻地区的地方政府环境治理之间是否存在关联，对我国地方政府环境治理投资中的标尺效应进行研究，这里采用两种方法构建相邻地区环境治理投资数据，用 $NIEM_{it}$ 表示。具体做法是：首先，找出地理上相邻的地区，假设与 i 地区相邻的地区有 j 个，每个相邻地区第 t 年的环境治理投资为 IEM_{jt}。其次，构建相邻地区权重（w_{jt}）系数，然后将各个相邻地区环境治理投资与其权重系数相乘得到相邻地区环境治理投资数据。再次，在相邻地区环境治理投资权重系数的构建上，参考汪鲸（2015）等学者的做法，采用两种方法得到：一种是分别计算 i 地区的各相邻地区的 GDP 占 i 地区所有相邻地区 GDP 之和作为权重，简称为人均 GDP 权重，采用此权重计算得到 i 地区相邻地区环境治理投资指数，用 $NIEM_{i}$ 表示；另一种是采用平均权重的方法进行计算，假设 i 地区有 n 个相邻地区，那么，其每个相邻地区的权重均为 $1/n$，采用此权重计算得到的 i 地区相邻地区环境治理投资指数用 $NIEM2$ 表示。计算公式为：

$$NIEM_{it} = W_{jt} \times IEM_{jt} \qquad (7-1)$$

其他变量。现有文献的研究表明，经济增长对环境污染的影响是非线性的，学界用环境库茨涅茨曲线表示两者之间的关系，为此，本章在回归模型中引入经济增长（AVGDP）和经济增长的二次项，经济增长采用人均地区生产总值表征。对外开放（OPEN）采用进出口贸易总额占该地区的地区生产总值比率表征。城镇化（URBAN）采用城镇化率表征。投资（INVEST）用固定资产投资表征。财政分权（FD）采用预算内本级财政支出占中央预算内本级财政支出的比重表征。制度质量（INS）的度量参考李强和徐康宁（2017）的做法，通过构建政策优惠指数得到。

三、模型构建

为了实证检验环境分权、标尺竞争与环境污染之间的关系，以及环境分权背景下地方政府环境治理中的标尺效应，进而验证前文的研究，本章构建如下计量经济模型：

$$POLLUTION_{it} = \beta_0 + \beta_1 POLLUTION_{i,t-1} + \beta_2 ED_{it} + \beta_3 CONTROL + \varepsilon_{it}$$
$$(7-2)$$

$$IEM_{it} = \beta_0 + \beta_1 IEM_{i,t-1} + \beta_2 NIEM_{it} + \beta_3 CONTROL + \varepsilon_{it} \quad (7-3)$$

$$POLLUTION_{it} = \beta_0 + \beta_1 POLLUTION_{i,t-1} + \beta_2 IEM_{it} + \beta_3 CONTROL + \varepsilon_{it}$$
$$(7-4)$$

$$POLLUTION_{it} = \beta_0 + \beta_1 POLLUTION_{i,t-1} + \beta_2 NIEM_{it} + \beta_3 CONTROL + \varepsilon_{it}$$
$$(7-5)$$

式（7-2）为环境分权影响环境污染效应的计量模型，式（7-3）在于检验地方政府环境治理投资的标尺效应，式（7-4）考察了环境治理投资的减排效应，式（7-5）考察了相邻地区环境治理投资对本地环境污染的影响模型。下标 i 表示地区单元，下标 t 表示时间单元，ε 为模型的随机干扰项，β 为模型的待估参数。

第三节　环境分权、地方政府环境治理
与环境污染：实证检验

值得注意的是，本章研究的核心变量环境污染、环境分权与经济增长等变量之间存在交互作用，而解释变量与被解释变量之间互为因果会导致内生性问题；此外，环境污染的影响因素很多，难免出现遗漏重要解释的情况，这也是导致内生性问题的一个重要因素。为了解决模型中的内生性问题，将被解释变量的一阶滞后项作为解释变量引入模型中，构建动态面

板模型进行估计。当然，进一步寻找核心变量的外生工具变量也是今后我们努力的一个重要方面。实证分析部分均采用系统广义矩估计方法进行估计。考虑到系统 GMM 估计方法需要同时估计其差分方程和水平方程，为此，本章分别采用差分变量和水平变量的滞后项作为模型的工具变量，并报告了随机干扰项序列相关和工具变量有效性检验结果。

一、环境分权与环境污染

表 7 – 1 报告了环境分权影响环境污染的影响结果。表 7 – 1 中模型（1）的回归结果显示，环境分权变量的系数在 1% 的显著性水平上显著为负，表明环境分权有利于降低我国环境污染水平，意味着相较于环境集权而言，环境分权管理效果更好，这与白俊红和聂亮（2017）、李强（2018）等学者的研究结论一致。这可能是因为，中央与地方政府环境治理中可能会存在信息不对称和目标不一致等问题，而环境分权通过明晰责权的方式提高环境治理效率，进而降低环境污染水平。此结论的实际意义在于，加快环境分权改革、实施河长制是推进我国生态文明建设、美丽中国建设的重要手段。为了探究经济增长与环境污染之间的非线性关系，本章在模型（2）引入了经济增长的二次项，结果表明，经济增长对环境污染具有显著的正向促进作用，经济增长二次项对环境污染的影响显著为负，表明经济增长与环境污染之间呈现非线性倒"U"型关系，环境库茨涅茨假说显著成立。其他控制变量，固定资产投资和对外开放变量系数显著为正，表明投资、进出口贸易的快速发展是加剧我国环境污染的重要因素。城镇化对环境污染影响显著为负，表明城镇化进程的快速推进将有利于降低环境污染水平。值得注意的是，在 1% 的显著性水平上财政分权变量系数为负，表明财政分权有利于降低环境污染水平，可能的解释在于，相较于以往经济分权背景下地方政府重"经济增长"轻"环境污染"而言，经济与环境双重分权背景下地方政府既要关注经济发展方面的成绩，也要关注环境治理方面的表现，财政分权使得地方政府有更大的财力用于环境治理当中，进而促进环境质量不断提升。模型（3）至模型（5）分别研究环境行政分权、环境监察分权以及环境监测分权对环境污染的影响效应，研究结果显示，环境行政分权变量在 1% 的显著性水平上显著为正，而环境监察分权和环境监测分权变量却在 1% 的显著性水平上显著为负，表明行政上的环境分权虽然加剧了环境污染水平，但是监察上和监测上的分权改革却有利于降低环境污染水平，这意味着不同形式的环境分权对环境污染的影响存在分歧。此结论的启示意义在于，在我国环境分权制度改

革可以分阶段、分步骤实施，可以优先推行监察和监测的分权制度改革，在系统总结监察和监测分权成效的条件下，推进环境行政分权改革。

表 7 - 1   环境分权与环境污染

模型	（1）	（2）	（3）	（4）	（5）
被解释变量	环境污染	环境污染	环境污染	环境污染	环境污染
估计方法	系统 GMM	系统 GMM	系统 GMM	系统 GMM	系统 GMM
L. POLLUTION	-0.272*** (-34.29)	-0.277*** (-18.55)	-0.248*** (-19.82)	-0.308*** (-24.34)	-0.254*** (-17.76)
ED	-0.059*** (-9.42)	-0.063*** (-12.96)			
EAD			0.021*** (4.06)		
EMD				-0.066*** (-23.31)	
ESD					-0.015** (-2.13)
AVGDP	0.059*** (9.08)	0.104*** (11.31)	0.091*** (9.58)	0.102*** (7.38)	0.095*** (9.45)
$AVGDP^2$		-0.003*** (-5.03)	-0.002*** (-4.42)	-0.003*** (-3.77)	-0.003*** (-4.70)
OPEN	0.102*** (5.30)	0.130*** (8.61)	0.115*** (10.80)	0.142*** (10.47)	0.114*** (9.80)
INVEST	0.053*** (3.11)	0.033** (2.47)	0.030*** (3.23)	0.040*** (3.88)	0.034*** (3.24)
FD	-0.456*** (-12.05)	-0.527*** (-12.97)	-0.423*** (-11.71)	-0.531*** (-9.01)	-0.459*** (-11.88)
URBAN	-0.971*** (-9.41)	-1.256*** (-15.10)	-1.111*** (-17.49)	-1.302*** (-13.52)	-1.142*** (-15.58)
_CONS	1.295*** (30.13)	1.364*** (50.44)	1.220*** (62.43)	1.408*** (51.28)	1.268*** (58.97)
N	390	390	390	390	390
AR（1）	0.0000	0.0000	0.0000	0.0000	0.0000
AR（2）	0.3134	0.4145	0.1566	0.5512	0.1043
Sargan test	1.0000	1.0000	1.0000	1.0000	1.0000

注：括号里数字为每个解释变量系数估计的 $t(z)$ 值，***、**、*分别表示1%、5%和10%的显著性水平上显著，下同。

二、标尺效应检验

为了研究邻近地区地方政府环境污染治理之间是否存在相互影响的关系，进而验证地方政府环境治理中的标尺竞争效应，本部分同样采用动态面板模型进行估计，回归结果见表 7-2 所示。表 7-2 模型（1）至模型（4）中相邻地区环境治理投资采用人均 GDP 权重计算得到，模型（5）至模型（8）中相邻地区环境治理投资采用平均权重计算得到。综合表 7-2 模型（1）至模型（3）回归结果可知，相邻地区环境治理投资变量系数为正，并通过了显著性检验，表明相邻地区的环境治理投资可以促进本地区的环境治理投资，这意味着地方政府环境治理投资存在着明显的策略互动行为，这种竞争表现为从逐底竞争向逐顶竞争的转变，进而促进我国环境污染质量的不断提升，地方政府环境治理投资存在明显的标尺效应。模型（4）引入了环境分权与相邻地区环境治理投资交互项的回归结果表明，两者交互项系数为负，并在 1% 的显著水平上显著，表明环境分权与相邻地区环境治理投资交互项对本地环境治理投资影响为负，意味着环境分权对相邻地区环境治理投资影响本地环境治理投资具有负向调节作用。这意味着环境分权制度实施后，地方政府兼具制定和执行环境政策的职责，进一步明确了地方政府在环境治理中的主体地位，因此，地方政府的环境注意力不断提升，而其主要原因是环境分权制度的变革。相对而言，本地环境治理投资受相邻地区环境治理投资的影响反而降低。综合表 7-2 模型（5）至模型（8）回归结果可知，采用平均权重计算得到的相邻地区环境治理变量系数同样为正，并在 1% 的显著水平上显著，环境分权与相邻地区环境治理投资交互项系数显著为负，回归结果与模型（1）至模型（4）相一致，进一步表明地方政府在环境治理上存在明显的策略互动行为，存在逐顶竞争特征，地方政府环境治理存在显著的标尺竞争效应。

表 7-2 　　　　　　　　　　　标尺效应检验

模型	（1）	（2）	（3）	（4）	（5）	（6）	（7）	（8）
被解释变量	环境治理	环境治理	环境治理	环境治理	环境治理	环境治理	环境治理	环境治理
估计方法	SYS-GMM	SYS-GMM	SYS-GMM	SYS-GMM	SYS-GMM	SYS-GMM	SYS-GMM	SYS-GMM
权重	人均 GDP	人均 GDP	人均 GDP	人均 GDP	平均权重	平均权重	平均权重	平均权重
$L. IEM$	0.325 *** (39.24)	0.391 *** (34.10)	0.373 *** (34.48)	0.380 *** (36.49)	0.298 *** (27.95)	0.371 *** (33.22)	0.368 *** (17.11)	0.384 *** (19.09)

模型	(1)	(2)	(3)	(4)	(5)	(6)	(7)	(8)
NIEM1	0.001 (0.31)	0.005*** (5.12)	0.007*** (5.34)	0.080*** (7.28)				
ED * NIEM1				-0.103*** (-9.21)				
NIEM2					0.286*** (7.88)	0.276*** (11.80)	0.288*** (9.32)	0.431*** (6.35)
ED * NIEM2								-0.207*** (-8.17)
AVGDP	32.142*** (31.78)	40.606*** (10.02)	26.646*** (10.00)	33.982*** (5.79)	18.377*** (7.76)	21.627*** (5.50)	18.181*** (3.60)	28.513*** (4.39)
OPEN	-53.136*** (-9.76)	-11.755 (-1.18)	-56.463*** (-7.26)	-60.969** (-2.30)	-43.394*** (-3.65)	-4.346 (-0.48)	-21.004 (-1.38)	-1.704 (-0.07)
FD	321.945*** (13.66)	260.438*** (15.79)	246.039*** (12.44)	263.995*** (14.21)	334.500*** (8.08)	219.650*** (7.75)	202.858*** (7.99)	177.973*** (3.42)
URBAN		-304.473** (-2.01)	-125.137 (-1.51)	-369.584** (-2.14)		-151.750 (-1.28)	-315.717* (-1.73)	-483.478*** (-3.23)
INS			1.186*** (6.39)	1.645*** (4.14)			1.163*** (7.18)	1.241*** (3.15)
_CONS	-7.189 (-0.87)	105.943* (1.68)	21.440 (0.67)	103.313 (1.62)	-23.899*** (-3.51)	36.520 (0.73)	81.320 (1.23)	136.728*** (2.71)
N	390	390	390	390	390	390	390	390
AR (1)	0.1449	0.1482	0.1459	0.1478	0.1262	0.1339	0.1243	0.1260
AR (2)	0.4112	0.3227	0.3250	0.3085	0.4958	0.3515	0.3448	0.3546
Sargan test	1.0000	1.0000	1.0000	1.0000	1.0000	1.0000	1.0000	1.0000

此外，模型还控制了经济增长、对外开放、财政分权、城镇化、制度变迁等因素的影响，结果显示，经济增长、财政分权和制度质量变量系数均为正，并在1%的显著性水平上显著，表明经济快速增长、财政分权和制度质量提升有利于增加地方政府环境治理投资，这与现有文献的研究结论相一致。与此同时，对外开放、城镇化将降低地方政府环境治理投资，可能的解释在于，对外开放和城镇化进程使地方政府将更多的注意力放在城镇化建设、发展外向型经济等方面，进而降低了地方政府在环境问题上的注意力，因此，地方政府在环境治理上的投资也相应减少。

三、环境治理的减排效应分析

地方政府环境治理投资有利于降低环境污染水平吗？本部分着重探讨两个关键问题：一是地方政府环境治理对该地区环境污染的影响；二是环境分权对环境治理减排效应的调节效应，回归结果见表7-3。具体而言，地方政府环境治理投资变量系数为负，并在1%的显著性水平上显著，表明地方政府环境治理投资有利于降低本地环境污染水平。此结论的实际意义在于，增加地方政府环境治理投资是推进生态文明建设、降低环境污染水平的重要因素，如何提高地方政府环境注意力、增加地方政府环境治理投资是影响环境治理成效的关键。模型（5）进一步引入环境分权与地方政府环境治理投资交互项的回归结果显示，两者交互项系数显著为正，意味着环境分权和地方政府环境治理投资对环境污染的影响具有互补关系，环境分权具有正向调节作用，即环境分权有利于提高地方政府环境治理投资的减排效应。为此，采用环境分权管理，实施河长制、林长制等环境分权制度改革是实施绿色发展的重要举措，环境分权背景下地方政府环境注意力提升和地方政府环境治理上的标尺竞争效应有利于降低我国环境污染水平。

表7-3　　　　　　　　　环境分权、环境治理投资与环境污染

模型	（1）	（2）	（3）	（4）	（5）
被解释变量	环境污染	环境污染	环境污染	环境污染	环境污染
估计方法	SYS-GMM	SYS-GMM	SYS-GMM	SYS-GMM	SYS-GMM
L. POLLUTION	-0.237 *** (-56.46)	-0.259 *** (-45.20)	-0.250 *** (-24.59)	-0.271 *** (-23.33)	-0.274 *** (-28.51)
IEM	-0.0004 *** (-17.01)	-0.0003 *** (-9.30)	-0.0003 *** (-7.53)	-0.0003 *** (-6.03)	-0.001 *** (-7.40)
AVGDP	0.069 *** (23.40)	0.063 *** (17.42)	0.091 *** (7.73)	0.097 *** (7.87)	0.096 *** (6.70)
OPEN	0.090 *** (11.18)	0.101 *** (11.51)	0.105 *** (12.58)	0.110 *** (11.86)	0.120 *** (5.59)
INVEST	0.082 *** (14.55)	0.082 *** (13.65)	0.068 *** (8.14)	0.075 *** (8.82)	0.055 *** (5.24)
URBAN	-1.022 *** (-20.44)	-0.974 *** (-13.39)	-1.168 *** (-13.58)	-1.224 *** (-9.45)	-1.206 *** (-10.17)

模型	(1)	(2)	(3)	(4)	(5)
FD		−0.281 *** (−10.41)	−0.296 *** (−5.89)	−0.374 *** (−6.35)	−0.366 *** (−4.11)
$AVGDP^2$			−0.002 *** (−3.17)	−0.002 *** (−4.12)	−0.002 * (−1.72)
ED				−0.068 *** (−7.77)	−0.127 *** (−4.15)
ED×IEM					0.0005 *** (9.65)
_CONS	1.204 *** (67.09)	1.223 *** (46.53)	1.263 *** (44.25)	1.362 *** (27.38)	1.405 *** (18.80)
N	390	390	390	390	390
AR(1)	0.0000	0.0000	0.0000	0.0000	0.0000
AR(2)	0.2960	0.2130	0.1732	0.6041	0.3594
Sargan test	1.0000	1.0000	1.0000	1.0000	1.0000

为了进一步探讨环境分权背景下相邻地区环境治理投资的影响效应，本部分实证研究相邻地区环境治理投资对本地环境污染的影响，并探讨了环境分权的调节效应，回归结果见表7-4。其中，表7-4模型（1）至模型（3）中相邻地区环境治理投资人均GDP权重计算得到，模型（4）至模型（6）中相邻地区环境治理投资采用平均权重计算得到。具体而言，表7-4中模型（1）至模型（3）回归结果显示，相邻地区环境治理投资的变量系数为负，表明相邻地区环境治理投资有利于降低本地环境污染水平，意味着相邻地区环境治理具有显著的正向外溢效应，这与现有文献的研究结论相一致，即相邻地区环境治理不仅降低了其自身环境污染水平，而且降低了地理上相邻地区环境污染水平。为了进一步探究环境分权的调节效应，模型（3）和模型（6）引入环境分权与相邻地区环境治理投资交互项的回归结果显示，两者交互项系数在1%的显著性水平上显著为正，表明环境分权对相邻地区环境治理投资减排效应具有正向调节作用，可能的原因在于，环境分权背景下地方政府成为环境问题的第一责任人，因而其对环境问题的关注度迅速提升，进而有利于增加对环境治理的投资，同时也有利于形成地方政府环境治理上的竞争氛围，通过增加地方政府环境

治理投资，进而促进本地与相邻地区环境质量的共同提升。此结论的实际意义在于，实施环境分权改革，提高政府环境注意力，增加政府环境治理投资是实现我国绿色发展、生态文明建设的有效路径。模型（4）至模型（6）中采用平均权重计算得到的相邻地区环境治理投资回归结果与模型（1）至模型（3）基本一致，回归结果进一步验证了相邻地区环境治理具有显著的正向外溢效应与环境分权的正向调节作用，这里不再赘述。控制变量的影响同表7－4基本一致，这里不再重点分析。

表7－4 相邻地区环境治理的减排效应

模型	（1）	（2）	（3）	（4）	（5）	（6）
被解释变量	环境污染	环境污染	环境污染	环境污染	环境污染	环境污染
估计方法	SYS-GMM	SYS-GMM	SYS-GMM	SYS-GMM	SYS-GMM	SYS-GMM
L. POLLUTION	-0.256 *** (-21.09)	-0.275 *** (-24.25)	-0.262 *** (-14.74)	-0.244 *** (-19.45)	-0.272 *** (-16.40)	-0.276 *** (-17.52)
NIEM1	-0.00001 (-1.39)	-0.00001 *** (-2.94)	-0.0002 *** (-12.76)			
AVGDP	0.093 *** (13.57)	0.095 *** (8.59)	0.078 *** (5.08)	0.094 *** (6.08)	0.101 *** (5.66)	0.085 *** (5.83)
OPEN	0.112 *** (3.63)	0.114 *** (3.61)	0.090 ** (2.40)	0.089 *** (4.19)	0.111 *** (3.68)	0.089 *** (2.76)
K	0.033 *** (6.89)	0.038 *** (5.86)	0.039 *** (5.13)	0.036 *** (7.34)	0.040 *** (4.18)	0.021 * (1.79)
URBAN	-1.136 *** (-12.72)	-1.172 *** (-10.61)	-0.985 *** (-6.70)	-1.099 *** (-7.95)	-1.188 *** (-7.03)	-1.155 *** (-8.93)
FD	-0.431 *** (-11.98)	-0.521 *** (-15.09)	-0.474 *** (-13.86)	-0.403 *** (-8.06)	-0.490 *** (-10.41)	-0.390 *** (-8.75)
AVGDP	-0.002 *** (-4.69)	-0.002 *** (-3.34)	-0.002 ** (-1.99)	-0.002 *** (-2.61)	-0.002 *** (-2.59)	-0.001 (-0.93)
ED		-0.061 *** (-8.81)	-0.110 *** (-9.13)		-0.057 *** (-5.49)	-0.204 *** (-10.06)
ED × NIEM1			0.0003 *** (15.66)			

模型	(1)	(2)	(3)	(4)	(5)	(6)
NIEM2				-0.0001** (-1.99)	-0.0001* (-1.76)	-0.001*** (-15.39)
ED × NIEM2						0.001*** (24.17)
_CONS	1.252*** (38.75)	1.342*** (40.89)	1.322*** (35.36)	1.241*** (29.36)	1.337*** (30.63)	1.485*** (20.88)
N	390	390	390	390	390	390
AR(1)	0.0000	0.0000	0.0000	0.0000	0.0000	0.0000
AR(2)	0.1574	0.4606	0.3904	0.1355	0.5762	0.6641
Sargan test	1.0000	1.0000	1.0000	1.0000	1.0000	1.0000

第四节　环境分权、地方政府环境治理
与环境污染：稳健性检验

本部分同样基于长江经济带城市面板数据进行再检验，进一步验证环境分权、地方政府环境治理竞争与环境污染三者之间的关联。

一、模型构建

本部分构建多重面板数据模型实证研究环境分权对区域环境治理的影响，具体如下：

首先，基于区域间的环境治理有空间交互影响效应，参考张华（2016）构建空间滞后模型，验证长江经济带区域环境治理策略互动行为，模型构建如式（7-6）所示，另外进一步验证环境分权背景下区域的环境治理行为产生怎样的影响效应，构建模型如（7-7）所示。

$$EN_{it} = \alpha_0 + \rho WEN_{it} + \beta CONTROL_{it} + \varepsilon_{it} \qquad (7-6)$$

$$EN_{it} = \alpha_0 + \rho WEN_{it} \cdot ED_{it} + \beta CONTROL_{it} + \varepsilon_{it} \qquad (7-7)$$

其次，参考沈坤荣等（2018）的做法，将环境污染作为核心被解释变量，将环境分权作为核心解释变量，采用双重差分法构建基准模型，研究环境分权对环境污染治理的直接影响效应，模型构建如下：

$$POLLUTION_{it} = \alpha_0 + \beta_1 ED_{it} + \beta_2 CONTROL_{it} + \varepsilon_{it} \qquad (7-8)$$

由于环境分权可通过其他路径间接影响区域的环境治理，在前文理论分析下，进一步将地方政府竞争纳入模型中，参考刘晨跃等（2017）构建中介效应模型，考察环境分权影响环境治理的具体作用路径。基于式（7-8）探究环境分权对环境治理的直接效应，因此接下来探讨核心解释变量对中介变量的影响效应，将地方政府竞争作为被解释变量，将环境分权作为解释变量，构建的模型如式（7-9）所示，此外，将环境污染作为被解释变量，将环境分权、地方政府竞争作为核心解释变量，进一步探讨环境分权是否通过地方政府竞争这一中介变量对区域的环境治理产生影响，模型构建如式（7-10）所示：

$$COM_{it} = \alpha_0 + \beta_3 ED_{it} + \varepsilon_{it} \qquad (7-9)$$

$$POLLUTION_{it} = \alpha_0 + \beta_4 ED_{it} + \beta_5 COM_{it} + \beta_6 CONTROL_{it} + \varepsilon_{it} \quad (7-10)$$

中介效应可运行的步骤为：第一，在无中介变量的情况下，核心解释变量对被解释变量具有显著作用；第二，核心解释变量对中介变量具有显著作用；第三，将所有变量放入一个模型，满足核心解释变量、中介变量对被解释变量显著，若存在不显著，需进行 Sobel 检验。

Sobel 检验统计量为：

$$Z = \frac{\beta_3 \beta_5}{\sqrt{\beta_3^2 S_{\beta_5}^2 + \beta_5^2 S_{\beta_3}^2}} \qquad (7-11)$$

其中，S_{β_3}、S_{β_5} 分别是回归系数 β_3、β_5 的标准差，Z 值在 5% 的显著性水平下临界值是 0.97。

上述方程中，POLLUTION、EN 均表征区域的环境治理，ED 是核心解释变量表征环境分权，采用地级市当年是否实施河长制制度表示，若某地级市当年开始或已经实施河长制，则赋值为 1，否则为 0，COM 表征地方政府竞争，CONTROL 是控制变量，包括财政分权（FD）、经济发展水平（GDP）、人口密度（POP）、受教育程度（EDU）及产业结构（INDUS），i 表示市级截面单元，t 表示年份，α_0、β_i（i 为 1~5）为回归系数，ε_{it} 为随机干扰项。

二、变量选取

（一）被解释变量

环境治理指标。选取单位 GDP 废水排放量、单位 GDP 二氧化硫排放量、单位 GDP 工业烟（粉）尘排放量三个基础指标通过熵值法合成环境污染指数来表征环境治理，另外，在验证环境治理的空间依赖性时，参考郑思齐等（2013）的做法，采用环境立法程度来表征环境治理水平，环境立法程度是运用各地级市当年颁布地方法规、规章及规范性文件表征，数据通过在"法律之星"数据库搜索各地区每年关于"环境污染"相关的法律文件数来衡量，因为"法律之星"数据库涵盖了中央和地方政府颁布的各类现行法律法规和地方规范性文件，是信息量最大、更新速度最快的法律数据库，通过其搜索具有一定的客观性。

（二）核心解释变量

环境分权（ED）。本章采用各地级市各年份是否实施河长制制度这一哑变量作为环境分权指标，某年某市实施了为1，未实施为0；参考刘建民等（2015）的方法表征地方政府竞争（COM），采用当地的外商直接投资与GDP的比重衡量。

（三）控制变量①

财政分权（FD）参考李强等（2017）和陆凤芝等（2019）的做法，以财政自主度作为其度量指标，采用财政收入与GDP的比值来表示；经济发展水平（GDP）参考李强等（2017）选取GDP作为经济发展水平的衡量指标；人口密度（POP）参考李子豪（2017）和张彩云等（2018）采用单位平方公里人数衡量。受教育程度（EDU）参考徐志伟（2016）采用每十万人在校大学生人数表征；产业结构（INDUS）参考邹璇（2019）以产业结构高级化表征，采用以第三产业增加值占第二产业增加值占比表示。

三、环境分权背景下长江经济带环境治理的标尺竞争效应研究

本节主要是验证区域间环境治理的空间交互影响行为以及在环境分权背景下区域环境治理行为变化。在研究分析前，进行了空间相关性检验，统计检验表明，Moran值绝大多数在5%、10%的水平上显著，说明模型存在空间相关性，进行空间模型分析十分必要。模型选择上，参考张华（2016）采用广义空间自回归模型探讨行政相邻空间权重矩阵下环境治理的空间策略互动行为，结果如表7-5中模型（1）所示。其次分析在环境分权背景下，地方间环境治理产生的策略互动效应，结果如表7-5中模型（2）所示。

---

① 本书于第四章详细阐述了变量选取方面的相关内容，本章仅略有增加环境治理指标部分内容，其余内容相似，为避免赘述，不再详细阐释。

表7-5　　　　　　　　　环境分权下的环境治理策略互动效应结果

模型	（1）	（2）
被解释变量	EN	EN
WEN_{it}	0.852 *** （65.03）	0.828 *** （58.43）
$WEN_{it} \times ED_{it}$		0.161 *** （8.77）
FD	0.829 （0.86）	0.354 （0.37）
GDP	0.314 （1.01）	－0.782 ** （－2.37）
POP	－41.59 （－1.40）	－48.17 * （－1.65）
EDU	0.996 （0.70）	1.158 （0.83）
INDUS	－0.618 ** （－2.03）	－1.559 *** （－4.84）
$SIGMA^2$	10.04 ***	9.767 ***
R^2	0.027	0.020
N	1512	1512

表7-5分别报告了未实施环境分权制度和已实施环境分权制度时地区间环境治理的策略互动行为的结果，从模型（1）中我们可以看出，在行政相邻权重矩阵下，WEN_{it}系数在1%的水平上显著异于零，表明区域间的环境治理确实存在策略互动行为，而且其系数显著大于零，说明区域间的环境治理存在差别化的竞争，即区域间环境治理行为是一方增加环境治理支出，另一方减少环境治理支出的行为，也称为"策略替代型支出竞争"，意味着地区间环境治理都存在依靠相邻地区来达到本区域环境质量的提高，原因可能是基于环境的公共品属性和外溢效应，某一地方政府增加环境治理支出，相邻地区的环境也能得到改善，这会导致相邻地区相应地减少在环境方面的支出，另外，地方政府间在环境治理上成本和收益的不对称性，促使相邻地区采取策略性行为，加上理性经济人自利动机的驱使，更加依赖其他地区在环境方面所作出的贡献，减少环境上的支出，尽可能享受免费"搭便车"的福利，这就形成了在环境治理上差别化竞争的

行为，而且地方政府为了更大程度吸引外商投资以提高辖区的经济水平，可能采用降低环境规制标准的措施，致使相邻地方以其为标尺，纷纷降低环境规制标准，导致环境标准的竞相向下，环境治理的不达标，环境质量的恶化。从模型（2）中我们可看出，WEN_{it}、WEN_{it}、ED_{it}系数均在 1% 的水平上显著大于零，说明在环境分权的调节作用下，区域间的环境治理的策略互动行为由差别化的竞争转向模仿性的竞争，意味着环境分权式的管理模式有助于改善环境治理中地方政府的策略替代行为，这可能是在环境分权管理模式下，地方政府的环境问责压力更大，促使对环保问题的关注度增强，也加强了环境管理力度，地方的监察执法人员数量得到扩充，监察网络日益完善，各级地方政府都加大了在环境治理上的投入力度，同时，随着环境绩效考核逐步纳入地方官员的综合绩效考核内，地方政府在环境治理上积极性得到提高，都加大了对环境治理的投入，最终形成竞相向上的标尺效应。

四、环境分权、地方政府竞争与长江经济带环境治理关系研究

（一）基准回归模型

本部分进一步实证探究环境分权是否通过地方政府竞争这一中介变量影响长江经济带的环境治理策略互动行为，在回归前，进行豪斯曼检验的结果是固定效应优于随机效应，因此本章采用固定效应进行回归分析，模型结果如表 7 – 6 所示。

表 7 –6　　　　　　　　　　基准回归模型结果

模型	（1）	（2）	（3）	（4）	（5）	（6）
被解释变量	COM	POLLUTION	COM	POLLUTION	COM	POLLUTION
	当期	当期	滞后一期	滞后一期	滞后二期	滞后二期
ED	− 0.00217 （− 1.29）	− 0.00693 （− 1.20）	− 0.00355 * （− 1.80）	− 0.00643 （− 1.16）	− 0.00675 *** （− 3.50）	− 0.00931 * （− 1.88）
COM		0.0964 （0.64）		0.0324 （0.26）		− 0.0422 （− 0.37）
FD		− 0.0268 （− 1.03）		− 0.0274 （− 1.22）		− 0.0182 （− 0.87）
GDP		0.00781 （1.00）		0.00751 （1.30）		0.00705 * （1.74）

模型	(1)	(2)	(3)	(4)	(5)	(6)
POP		-0.159 (-0.25)		0.100 (0.20)		0.203 (0.46)
EDU		0.00126 (0.04)		-0.00131 (-0.05)		-0.000466 (-0.02)
INDUS		0.00406 (0.31)		0.00454 (0.41)		0.00860 (0.84)
常数项	0.0248*** (17.29)	0.826*** (23.38)	0.0264*** (18.08)	0.844*** (29.70)	0.0274*** (20.02)	0.864*** (34.23)
控制变量	未控制	控制	未控制	控制	未控制	控制
地区效应	控制	控制	控制	控制	控制	控制
时间效应	控制	控制	控制	控制	控制	控制
样本量	1512	1512	1404	1404	1296	1296
R^2	0.046	0.546	0.054	0.506	0.073	0.459

表 7-6 报告了环境分权影响环境治理关于地方政府竞争的中介作用后两个步骤的环境分权变量当期及滞后 1-2 期检验结果。表 7-6 模型（1）、模型（2）中解释变量对中介变量不显著，中介变量对被解释变量不显著；模型（3）、模型（4）中解释变量对中介变量显著，中介变量对被解释变量不显著；模型（5）、模型（6）中解释变量对中介变量的影响是显著的，中介变量对被解释变量的影响也是显著的，这说明环境分权影响环境污染过程中存在地方政府竞争的中介效应作用，具体而言，模型（1）、模型（3）、模型（5）结果显示地方政府竞争的系数显著为负，说明环境治理过程中，环境分权能够改善地方政府间的"搭便车"行为，模型（2）、模型（4）、模型（6）的结果表明环境分权可通过影响地方政府间的竞争来达到环境污染的有效治理，这可能源于在环境分权管理模式下，地方政府的权责明晰，特别是随着生态文明指标逐渐纳入综合考核绩效中，地方政府的政绩考核不再是以经济绩效为主，若地方政府仍遵循以前"搭便车"的决策行动，将会远达不到本地区环保的考核标准。改革的绩效考核迫使各级地方政府致力于本地区的环境治理，从而逐渐淘汰地方政府在环境治理上趋劣竞争的行为决策，在财政支出上也会加大对环境治理的投资力度，环境质量得到有效提升。控制变量与前文的结果基本一

致，不再赘述。

（二）区域异质性

本部分将长江经济带分为上、中和下游地区探讨环境分权如何通过地方政府竞争行为影响区域的环境治理，回归结果如表7-7所示。

表7-7 分区域模型检验结果

模型	（1）	（2）	（3）	（4）	（5）	（6）
被解释变量	COM	POLLUTION	COM	POLLUTION	COM	POLLUTION
分区域	下游	下游	中游	中游	上游	上游
ED	-0.00407 (-1.12)	-0.00210 (-0.43)	-0.00240 (-1.56)	-0.0180* (-1.82)	0.00272 (1.49)	0.0129 (0.73)
COM		0.0225 (0.15)		0.109 (0.24)		0.410 (0.74)
FD		-0.00310 (-0.05)		-0.0211 (-1.29)		-0.0246 (-0.22)
GDP		0.000254 (0.01)		0.00677 (0.87)		0.0739*** (4.56)
POP		-0.155 (-0.28)		0.496 (0.11)		-6.730** (-2.21)
EDU		0.0895 (1.51)		-0.0540 (-0.88)		-0.00758 (-0.10)
INDUS		0.0182 (0.63)		0.00959 (0.78)		
常数项	0.0343*** (10.55)	0.850*** (17.17)	0.0296*** (16.54)	0.772*** (4.30)	0.00663*** (5.32)	1.047*** (9.56)
控制变量	未控制	控制	未控制	控制	未控制	控制
地区效应	控制	控制	控制	控制	控制	控制
时间效应	控制	控制	控制	控制	控制	控制
样本量	574	574	504	504	434	434
R^2	0.072	0.582	0.150	0.583	0.085	0.550

表7-7报告了长江经济带上、中、下游区域环境分权影响环境治理关于地方政府竞争中介作用后两个步骤的检验结果。上文验证了中游

地区环境分权对环境治理的影响显著，进一步从表7－7中可看出，长江经济带中游区域环境分权系数均在10%的水平上显著，地方政府竞争系数不显著但通过了Sobel检验，表明实施环境分权制度后，中游地区改善地方政府竞争的中介作用更明显，环境治理效果更好，而从上文可知，上、下游地区环境分权对环境治理的影响是不显著，同时表7－7中上、下游区域的环境分权系数基本不显著，表明实施环境分权制度后，上、下游地区无法通过地方政府竞争对环境治理产生显著影响，这可能是因为上、下游城市通过影响其他因素从而达到改善区域的环境质量。

正如前面的研究设计所言，考察环境分权影响环境治理的间接路径，是将本书第四章中环境分权对环境治理的直接影响与本章中环境分权对地方政府竞争的影响以及环境分权和地方政府竞争，在一个模型下对环境治理的影响两节内容结合在一起构成中介效应模型，来探讨环境分权是否能够通过地方政府竞争对环境治理产生作用，通过这两章内容可看出，地方政府竞争的中介作用存在，即环境分权能通过影响地方政府竞争达到治理环境的作用，说明环境分权可以改变地方政府之间劣性竞争的状态，从而促使环境治理更加有效，实现环境质量的优化。

（三）更换指标检验

本章的核心被解释变量参考向莉（2018）的思路，选取单位GDP废水排放量、单位GDP二氧化硫排放量、单位GDP工业烟（粉）尘排放量三个基础指标通过熵值法合成环境污染指数来表征环境治理，此处参考邹菲（2017）选取废水排放量、二氧化硫排放量、工业烟（粉）尘排放量三个基础指标通过熵值法合成环境污染指标表征环境治理。

表7－8报告了另一种环境污染表征方法的检验结果。表7－8中模型（1）是环境分权对环境污染的直接影响，模型（2）是研究环境分权对中介变量（即地方政府竞争）的影响，模型（3）是将环境分权和中介变量（即地方政府竞争）同时放入模型中研究对环境污染产生的影响，三个模型的结果是验证环境分权是否通过地方政府竞争来影响环境污染。从表中看出，环境分权可以通过改善地方政府竞争达到降低环境污染，环境治理得到有效提升，这与前文的研究结果一致，控制变量与前文也基本一致，模型比较稳健。

模型	(1)	(2)	(3)
被解释变量	*NEWPOLLUTION*	*COM*	*NEWPOLLUTION*
估计方法	FE	FE	FE
ED	−0.00262 (−0.61)	−0.00217 (−1.29)	−0.00823 * (−1.97)
COM			−0.0573 (−0.36)
FD			−0.0253 (−1.30)
GDP			0.0395 (1.37)
POP			1.341 ** (2.00)
EDU			0.0535 ** (2.30)
INDUS			0.0320 *** (2.71)
常数项	0.922 *** (251.78)	0.0248 *** (17.29)	0.829 *** (23.77)
控制变量	未控制	未控制	控制
地区效应	控制	控制	控制
时间效应	控制	控制	控制
样本量	1512	1512	1512
R^2	0.191	0.046	0.317

第五节　本章小结

　　党的十八大以来，生态文明建设、绿色发展成为我国经济社会发展的重要目标之一，中央与地方政府高度重视环境污染问题，如何推进我国环境治理已成为政府与学界关注的焦点问题，与此同时，学界就环境治理中究竟应该采取环境集权管理抑或环境分权管理展开了研究，研究结论存在分歧。有鉴于此，本研究基于地方政府竞争视角探讨地方政府环境治理中的标尺竞争效应，探究环境分权背景下地方政府环境治理的"同群效应"，系统阐释环境分权、地方政府环境治理与环境污染三者之间的内在关联，在构建环境分权、地方政府（相邻地区）环境治理的基础上，基于 2002～2015 年我国 30 个省（区、市）的省级面板数据进行了实证研究，此外，本章还基于 2005～2018 年长江经济带 108 个城市数据，采用空间计量、区域异质性、变更核心解释变量等实证方法验证研究结论的稳健性。主要结论如下：

（1）环境分权对我国环境污染具有显著的负向影响，相较于环境集权而言，环境分权管理是推进生态文明建设的重要路径。这可能是因为环境分权制度实施后，地方政府兼具制定与实施环境政策的职责，避免了环境集权管理过程中所产生的中央政府与地方政府目标不一致和信息不对称等问题，有利于解决环境污染的负外部性和环境治理的正外部性问题，为此，环境分权将有利于减轻我国的环境污染。

（2）环境分权背景下相邻地方政府在环境治理上存在相互模仿、互相学习现象。邻近地区的环境治理投资对本地区的环境治理投资具有正向促进作用，意味着地方政府在环境治理投资上存在着明显的策略互动行为，这种竞争表现为从逐底竞争向逐顶竞争的转变。

（3）地方政府竞争不利于我国环境治理，是一种逐底竞争效应，而在环境分权效应下，地方政府竞争却有利于我国环境治理。这意味着环境分权制度实施后，地方政府环境治理由逐底竞争转为逐顶竞争，因此加大环境分权度是环境治理的一项重要手段。

（4）基于市级层面的广义空间自回归模型结果显示，在行政相邻权重矩阵下，区域间的环境治理存在差别化的竞争，即区域间环境治理行为是一方增加环境治理支出，另一方减少环境治理支出的行为，但环境分权的调节作用下，区域间的环境治理的策略互动行为由差别化的竞争转向模仿性的竞争，表明环境分权式的管理模式有助于改善环境治理中地方政府的策略替代行为。此外，地方政府竞争作为中介变量的研究显示，环境分权显著抑制了环境污染，再结合本书第四章中环境分权对环境治理的直接效应显著的结论，表明环境分权可通过影响地方政府间竞争来达到环境污染的有效治理，分区域的结果同样表明中游地区的效果更好，上、下游地区影响不明显。基于市级数据层面的研究结果不仅丰富了本章的研究成果，还进一步佐证了前文结论的稳健性。

第八章 我国环境治理长效机制
构建与建议

本书从河长制制度创新入手，阐释了河长制与环境分权之间的内在关联，探究了环境分权影响环境污染的影响机理及其效应，因此，本章基于前文的理论与实证研究，首先总结本书的主要研究结论，在此基础上，提出河长制视域下我国环境治理的长效机制，并提出推进我国环境治理的政策建议。

第一节 主 要 结 论

党的十八大以来，生态文明建设、绿色发展成为我国经济社会发展的重要目标之一，中央与地方政府高度重视环境污染问题，学界与政府也开始思考我国环境保护与环境治理问题的解决之道，与此同时，学界就环境治理中究竟应该采取环境集权管理抑或环境分权管理展开了研究，研究结论存在分歧。

环境问题具有典型的外部性特征，其中，正向外溢效应是环境治理问题的重要特征，负向外溢效应是环境污染问题的重要特征，因此，地方政府参与环境治理的意愿受到空间溢出效应的严重影响。环境的外部性问题是地方政府在环境治理投入上产生策略互动行为的重要原因（张华，2016）。目前我国环境保护和环境治理存在矛盾性。一方面，我国中央政府既是环境政策和目标的制定者，也是环境政策执行的监管者；另一方面，我国地方政府是环境治理的执行主体，并且环境治理投资主要来源于地方财政收入。在中国式财政分权背景下，地方政府所追求的第一目标是本地区的经济繁荣而非环境保护，这种矛盾性使得地方政府参与环境治理的意愿并不强烈，进而阻碍了我国生态环境的进一步改善。此外，影响我国环境治理的另一重要因素是中央与地方政府之间的信息不对称。归根结底，权责不明晰严重影响我国环境治理效果。河长制作为环境治理领域的一项重大制度变革，它是将环境治理的责任从中央下放到地方，对原本无人愿管、被肆意污染的河流实施"河长"负责制，实现地方党政领导负责制。河长制制度的本质在于环境分权，通过明晰产权的方式将地方政府界定为环境问题的负责人，它提高了地方政府的环境注意力，有利于我国的水环境治理。

有鉴于此，本书首先通过对产权理论、环境经济学、心理学等相关理论的分析，对环境分权、环境注意力等关键变量进行界定，探究环境分权、环境注意力与环境污染之间内在关联，构建研究的理论框架。其次，分析了我国环境污染和环境治理的时空演化特征，探讨了我国环境分权影响环境污染的具体效应。最后，从地方政府环境注意力和地方政府竞争两个维度阐释了环境分权影响环境污染的内在机制，从多个维度进行了实证检验，主要研究结论如下。

一、我国环境污染与治理分析结论

首先，环境污染研究结果表明，我国环境污染指数整体上呈下降态势，具体而言，我国工业废气排放量以及工业固体废弃物产生量呈现显著的上升趋势，工业二氧化硫排放量以及工业废水排放量呈现先波动上升后波动下降的趋势，工业烟尘排放量以及工业粉尘排放量呈现先波动下降后波动上升的态势。对环境污染空间相关性分析表明，2011～2018年我国30个省（区、市）的环境污染具有显著的空间趋同现象，其中大部分省（区、市）存在正空间自相关，即在地理空间上高值与高值相邻或低值与低值相邻；小部分省（区、市）存在负空间自相关，即在地理空间上高值与低值相邻或低值与高值相邻，综合而言，我国30个省（区、市）环境污染在地理空间上存在集聚现象。

其次，环境治理研究结果表明，我国的环境治理水平呈现持续上升的态势，总体治理效果较好。对环境治理空间相关性进行分析表明，我国30个省（区、市）环境治理整体具有明显的空间同质现象，其中大部分省（区、市）存在正空间自相关，即在地理空间上高值与高值相邻或低值与低值相邻；小部分省（区、市）存在负空间自相关，即在地理空间上高值与低值相邻或低值与高值相邻。

最后，从中央与地方政府间、地方政府之间、地方政府和企业间及地方政府和公众间四个维度概括分析我国环境治理各主体面临的博弈困境，得出环境治理各主体在面临的博弈困局中，博弈双方不能以自身利益最大化为原则，还应当承担更多的环保监督、管理等责任，从而使社会利益最大化。

二、环境分权的减排效应研究结论

降低环境污染水平和提高能源利用效率是节能减排的两个重要方面，本研究分别分析了环境分权影响环境污染的估计结果和环境分权影响全要素能源效率的估计结果，主要结论如下：

环境分权影响环境污染的估计结果显示，我国生态环境的改善和环境治理质量的提高依赖于环境分权，包括环境行政、监察和监测上的分权。基于长江经济带市级面板数据的稳健性检验进一步验证了这一结论，但有所差别的是，环境分权对污染治理产生的积极作用具有滞后性。

环境分权影响我国全要素能源效率的估计结果显示，环境分权阻碍了全要素能源效率的提高，进一步研究表明环境分权与全要素能源效率之间存在非线性的"U"型关系。基于邻接空间权重的空间杜宾模型估计结果也显示，环境分权与全要素能源效率之间存在一种非线性的"U"型关系，但与前述结论不同的是，环境分权的影响具有明显的空间外溢效应。综上所述，环境分权与全要素能源效率之间存在非线性的"U"型关系，当环境分权度达到拐点之前，提升环境分权度反而不利于全要素能源效率的提升，但当环境分权度达到拐点之后，提升环境分权度将有利于全要素能源效率的提升。基于长江经济带市级面板数据的稳健性检验表明，环境分权对全要素当期能源效率的提升无法产生任何影响，但考虑环境分权政策的实施可能具有滞后性的研究发现，环境分权能够促进全要素能源效率的提升。

三、环境分权的减排效应：地方政府环境注意力视角

本书将心理学中的注意力理论引入环境分权模型中，主要结论如下：

提升地方政府环境注意力能够显著改善生态环境状况，意味着实施河长制、推进环境分权治理是实现绿色发展的重要手段。引入环境分权调节效应后，地方政府环境注意力对环境污染的影响效应提升，意味着环境分权对地方政府环境注意力的减排效应具有正向调节效应。

相较于中央政府的环境政策而言，地方政府环境政策的减排效应更为明显，环境分权有利于降低我国的环境污染水平，环境分权治理效果好于环境集权治理。此外，环境分权影响环境污染的重要传导机制在于"环境分权—地方政府环境注意力—环境污染"。研究还发现，引入环境行政分

权、环境监察分权和环境监测分权的稳健性检验进一步验证了以上结论。本书为我国环境治理领域的分权改革（如河长制的实施）提供了理论支撑，也为我国流域环境治理提供了重要参考。

基于长江经济带市级面板数据的稳健性检验表明，环境分权与环境污染之间具有负向关系。具体而言，样本期内环境分权与地方政府环境注意力之间存在正相关关系，分权的环境管理体制促使地方政府将注意力聚焦在环境保护领域，地方政府对环境的注意力强度不断增加。进一步研究表明，地方政府环境注意力在环境分权与水污染之间也发挥显著的中介效应作用，即环境分权通过地方政府环境注意力这一传导机制明显降低了工业废水排放总量和单位 GDP 工业废水排放量。

四、环境分权的减排效应：地方政府环境治理竞争视角

本书从地方政府环境治理竞争视角探讨了地方政府环境治理中的标尺竞争效应。基于手工收集整理的河长制数据表征环境分权，采用双重差分法、空间计量等方法进行实证检验，本书的研究发现，环境分权对我国环境污染具有显著的负向影响，相较于环境集权而言，环境分权管理是推进生态文明建设的重要路径。具体而言，环境分权背景下相邻地方政府在环境治理上存在相互模仿、互相学习现象，地方政府环境治理存在明显的标尺竞争效应；环境分权制度实施后，地方政府环境治理不仅能够降低本地区内的环境污染水平，而且能够在空间溢出效应的影响下改善相邻地区的生态环境状况，环境分权对地方政府环境治理投资的减排效应具有正向调节效应。基于长江经济带市级面板数据的稳健性检验表明，区域间的环境治理存在差别化的竞争，环境分权显著抑制了环境污染，环境分权可通过影响地方政府间的竞争来达到环境污染的有效治理。

第二节　河长制视域下我国环境治理长效机制构建

中共十九大报告指出，要坚决制止和惩处破坏生态环境行为，必须树立和践行"绿水青山就是金山银山"的理念，坚决打赢污染防治攻坚战，建设美丽中国。党的十九届四中全会进一步指出，建立生态文明建设目标评价考核制度，强化环境保护、自然资源管控、节能减排等约束性指标管理，严格落实企业主体责任和政府监管责任。由此可以看出，加强生态文明建设已是我国的重要战略抉择。我国在环境治理方面虽取得了一定成效,但构建环境治理的长效机制是一项复杂的系统工程,道阻且长。因此,探索跨界合作环境治理长效机制,显得十分必要和重要。

学界对于环境分权对环境污染的治理效果问题仍存在分歧,认为环境集权与环境分权对环境污染的治理各有利弊。现有研究认为环境分权带来地方政府环境管理事务的自主裁量权,在财政分权和政治集权相结合的中国式分权下,使得地方政府的财政支出偏好于生产性投资进而可能会挤压环保支出,从而不利于环境治理。同时,环境治理作为一种公共物品,会产生溢出效应,表现为环境治理的正外部性,因此地方政府间存在"搭便车"现象,导致地方政府治理环境污染的意愿较低。河长制的本质也是环境分权。河长制首创于江苏省无锡市,在得到了中央充分认可后,以政策文件形式得以确定下来,再全面推广实施,走出了一条具有中国特色的流域环境治理新路径。从河长实际工作情况来看,流域治理统筹协调性依然较弱,各责任主体仍各自为战,缺乏区域水环境防治的总体规划及具体规划,流域联防联治作用发挥不明显,尚没有形成共同治理的格局。此外,河流环境整治需要投入大量资金,地方政府作为环境治理的执行者,在财政资金不足的情形下资金投入问题仍是治理工作的困境。

一、构建环境治理的动力机制

第一,应加强环保立法,完善生态环境保护法规制度体系,以法律红线守住生态底线。我国自 1989 年正式实施《中华人民共和国环境保护法》以来,中央与地方政府出台大量环境保护方面的法律法规,如《中华人民共和国水污染防治法》《中华人民共和国大气污染防治法》《长江保护法》等,旨在通过环保立法落实企业主体责任和政府监管责任,实现生态环境善治。以环保立法保护生态环境,产生的社会效应涉及广泛,会促使地方政府、企业及公众之间形成持续的互动关系,形成全民遵守环境保护法律规范的法治氛围,从而全面提升生态环境的共保联治能力。而且,地方政府在加强环境立法约束的过程中,会进一步完善相关法律体系,有利于扫除环境污染的制度性障碍,鼓励更多的人加入到环境保护中来,环保意识逐渐深入人心,将对环境污染治理产生长效的动力机制。

第二,应推动环境分权,明晰地方政府在环境治理中的主体责任。首先,环境分权制度实施后,环境治理的权力和责任一同下放到地方政府,有利于规避中央与地方政府之间在环境治理上的博弈,也有利于解决环境污染的外部性问题。其次,地方政府间在环境治理投入上的博弈也是流域环境治理所面临的突出问题。环境分权通过明晰地方政府责权的方式影响地方政府行为，进而解决环境污染所面临的外部性问题。一方面，从环境污染层面来看，环境分权会影响地方政府在经济发展与环境保护之间的选择，生态优化是基本原则，进而减少环境污染总量；另一方面，从环境治理层面来看，环境分权提高了地方政府的环境治理的意愿，弱化了地方政府之间在环境治理上的逐底竞争，有助于建立跨区域的环境污染治理联动机制，提高环境污染治理效率。

二、构建环境治理的补偿机制

从经济学理论角度看，环境污染与环境治理具有显著的外部性特点，而生态补偿机制的构建原理就是将经济手段和行政手段相结合，实现生态环境这一具有特殊性的公共产品的使用者及消费者之间的平衡，从而有效避免生态保护中的"公地悲剧"问题，因此，生态补偿机制是调动各区域积极性、保护好生态环境的重要手段，也是跨区域环境协同治理的关键。2012年，在财政部、环保部的直接推动下，安徽、浙江两省开始正式实施全国首个跨省流域——新安江流域生态补偿机制试点，经过两轮六年试点工作，新安江流域总体水质为优并稳定向好，是目前全国水质最好的河流之一，生态补偿试点取得了显著成效，并为全国其他跨流域的生态文明建设提供了有益的参考经验。在构建流域生态补偿机制时，须结合实际情况，构建适合的生态补偿长效机制，具体可以从以下三个方面发力：

第一，清晰界定生态补偿的主体和客体。流域生态补偿应严格按照"谁破坏、谁恢复，谁受益、谁补偿，谁污染、谁付费"的原则，对生态共同体内部的成员环境行为进行强约束，明确各方生态补偿责任和义务。例如，上游地区造成流域环境污染，上游地区就应成为补偿主体，此时因上游地区不合理的环境行为，遭受损失的下游地区则成为补偿的客体。反之，若上游地区承担了保护生态环境的责任，下游地区随之受益，那么下游就要对上游地区为改善生态环境付出的努力作出补偿。通过实施这种上下游双向补偿模式，全方位推动流域水污染综合防治，促进跨区域环境污染外部效应内部化，彻底消除交界地区河、湖、库、渠监管的盲区和死角，整体推进生态环境保护和治理。

第二，科学制定生态补偿标准。合理的生态补偿标准是提高生态补偿效益的关键，而生态补偿需要解决"应该补偿多少"和"能够补偿多少"两大核心问题。从目前关于生态补偿的核算标准来看，应用最多的方法是市场法和支付意愿法，最少的是生态系统服务功能价值法。通常而言，生态补偿是经济性行为，生态补偿标准应该相当于生态保护的机会成本，但由于生态补偿标准具有灵活性和不确定性，机会成本损失量、补偿期限以及社会补偿心理等方面难以确定，因此，在确定生态补偿标准时应综合考虑环境破坏的范围和程度、经济发展水平、治理环境污染的投入等要素，建立适用于全国的生态服务价值评估体系和科学的生态补偿标准。同时，应根据经济社会发展和环保形势变化，与时俱进，建立补偿标准动态调整机制，进行适当的动态调整。

第三，形成多元生态补偿方式。长期以来，由政府主导的生态补偿机制建设存在生态补偿融资渠道单一、运行效率较低下等诸多弊病。生态补偿方式作为构建生态补偿机制的核心问题，党的十九大报告明确提出，建立市场化、多元化生态补偿机制。尤其是在不断完善和发展的市场经济体制背景下，灵活高效的市场化机制对于完善生态补偿机制意义重大。一方面，应积极发挥市场运作功能，构建市场化的交易平台，推进实施生态资源价值化、有偿化使用，通过生态资源市场交易的方式解决流域的生态环境破坏和生态资源配置不合理的问题；另一方面，应充分运用市场手段建立广泛的融资渠道，推动财政资金、政策、项目、产业等补偿形式多样化，将更多的资金引入生态补偿，在减轻政府的财政支出压力的同时，增强补偿的稳定性、持久性。

三、构建环境治理的监督机制

严格的监督机制能有效避免政策效力不足和政策失灵问题，是环境治理可持续性的基本保障，从长期角度考虑，需要建立完善的环境治理监管机制。

一方面，应逐步建立以中央环境督察为主、行政问责协同的环保督察体系，不断加大监督执法力度，在赋予中央环境督察组问责权力的基础上，将问责条件、对象与范围透明化，切实落实环境损害问责追责制度，并借助媒体、网络平台及时曝光损害生态环境行为，利用公众舆论强化问责的软约束力，进而提升地方政府的环保责任意识。

另一方面，环保约谈作为环境治理的"先手棋"，是出于监督和警示的一种柔性执法手段。它既打击已有的环境违法、违规行为，也预警即将出现的环境隐患，即环保约谈兼具事前监督和事后处罚双重功能，有利于政府在环境事宜决策环节中的源头防控、过程管理与风险约束。因此，在全国地区要持续深化环保约谈制度，针对未履行环境保护职责或履行职责不到位的地方政府及其相关部门有关负责人进行环保约谈，责任到人，并将约谈后的整改情况纳入官员绿色政绩考核机制，有效监督地方环境治理政策的施行，明晰地方政府环保主体责任，有利于生态环境治理体系和治理能力现代化建设。此外，社会公众也是环境治理过程中所不可或缺的一部分，在环保约谈政策的实施过程中，社会公众逐渐了解并规范自身排污的行为义务，并着力发挥其监督职能，运用社会舆论的力量监督政府治理行为。

综合而言，环保督查和环保约谈以其权威行政约束力，有效发挥事前预防、事中监督、事后问责作用，整合多个治理主体力量，改善环境污染状况，提高地方政府环境治理力度。

四、构建环境治理的公众参与机制

良好的生态环境是公共产品，是全人类的红利。建设生态文明是每个人应尽的义务，需要动员全社会力量，人人参与、全民行动。党的十九大报告明确提出，着力解决突出环境问题，必须建立以政府为主导、以企业为主体、以社会组织和公众为共同参与者的现代环境治理体系。因此，既要充分发挥政府主导性作用，加强对生态文明建设的总体设计和组织领导，还需要企业和社会公众等多元利益主体的参与，发挥生态协同治理效应。

具体而言，在政府责任体系方面，一方面信息公开作为促进公众有效参与生态治理的基本条件和前提，政府有必要对环境信息公开的范围和主体、方式和程序、监督和责任等作出明确规定，完善环境信息公开制度。同时还应逐步健全环境信息披露机制，拓宽环境信息公开范围，通过制定专门的法律法规，强化环境信息公开法律支持，畅通环境信息发布渠道，为公众参与和监督环保工作提供良好环境。另一方面，各地政府在制定环境立法、治理政策、规划编制时，应广泛征求人民群众的宝贵意见，通过明确公众参与立法活动的各项权利，如提出意见权、表达建议权等，使公民的参与活动不再过度依赖于行政部门的意愿，而是实现真正意义上融入生态环境治理工作，充分发挥公众参与在环境保护中的决策和预防作用，形成社会公众与政府的良性互动。

此外，政府要进一步深化环保宣传教育方式方法的改革，坚持从实际出发，针对不同人群和不同城市开展形式多样的宣传教育，寓教于乐，提高全民环保意识，营造同护蓝天碧水、共建美丽中国的良好氛围。在企业责任体系方面，企业是环境保护的主体，是环境保护的重要参与者，在政府发挥主导性作用的同时，应该主动承担环境治理的责任。这要求企业从根本上摆脱盲目追求自身经济利益最大化的思维，以保护生态环境安全作为价值引领，严格依据各项法律、政策和社会准则规范生产经营活动，绝不容忍污染治理上的表面文章。同时，企业还应主动采用先进工艺技术和设备，大力推进清洁生产和废物综合利用，从源头上降低污染物排放，做好节能减排的典范。在公众责任体系方面，社会群众要及时了解国家环境保护方面的大政方针，提高对环境保护的整体认知度。在此基础上，不仅要积极践行自身绿色生活方式，还要通过多种形式监督环境行政主管机关执法和政府改进环境决策，监督企业的环境行为，积极帮助企业治理污染，促进环境状况的改善。

第三节　促进我国环境污染治理的对策措施

实施环境分权管理，完善环境分权监督管理体制。近年来，我国在环境治理中推出的河长制、林长制等制度创新取得了一定成效，有利于环境污染治理的地方政府层面的环境管理政策、法规也不断增加。为此，在系统总结河长制、林长制等环境分权管理经验基础上，可以在大气污染、工业污染等领域实施环境分权管理，分阶段、分步骤推进我国环境分权管理改革。此外，中央政府还应加大对地方政府环境保护督查和污染治理监督力度，持续关注大型重工业企业环境污染物排放情况，加快推进环境监管体制改革，促成环保监督常态化，引导地方政府间在环境公共品供给方面形成趋良竞争发展态势，避免地方政府为了经济的持续发展而在环境上选择不执行或者软执行，充分发挥环境分权的长效减排作用。

制定差异化的环境分权策略，明确各级政府在环境保护事务中的具体职责。不同地区环境分权的治污减排效果存在差异，因此应结合地区实际情况制定针对性的环境分权策略。东部沿海地区具有良好的环境基础，技术先进，人才众多，因此可以进一步提升东部沿海地区的环境分权度，从而充分发挥东部沿海地区的信息、技术及人才优势，增强环境分权对全要素能源效率的促进作用；生态环境较为脆弱的中西部地区需要中央政府予以重视，加强环境监督和政策干预，并从环境基础设施建设、环境监察事物等方面提供更多的政策和资金支持，逐步形成中央政府和中西部地区共建生态、共筑屏障的环境发展格局。为确保地方政府在环境治理过程中明晰自身职责，中央应逐步给予地方政府在其管辖范围内更大的环境监管和污染治理权限，如地方政府能够拥有更多环境资金使用支配的权力，环保部门可自由安排人员工作岗位、调度以及考核等；明晰地方政府与环境保护部门之间的权责，构建权责清晰的垂直管理体系，确保地方环保部门在环境事权上的独立性和可操作性，促使地方政府最大限度地发挥自身的信息优势和成本优势，提高环境污染治理效率。各地区政府应根据自身实际情况制定恰当的污染物排放标准，强化对高污染企业的监察、整改及处罚力度，增强污染治理能力，推动生态文明进程。

将环境质量作为中央政府考核地方政府的重要指标。研究表明，地方政府环境治理中存在相互学习、相互模仿的做法，地方政府环境治理存在明显的标尺竞争效应，为了避免地方政府陷入逐底竞争的恶性循环，可以考虑将地方政府环境治理成效作为中央政府考核地方政府官员的重要指标，甚至可以将环境质量纳入中央政府对地方政府官员的考核指标体系中。环境分权制度实施后，地方政府兼具环境政策的制定和执行职责，那么，环境分权是如何提升我国环境污染水平的呢？研究表明，提升我国环境污染水平的关键在于增强地方政府环境注意力，那么，如何增强地方政府环境注意力呢？20世纪90年代初的财政分权制度改革促进了地方经济的快速增长，其中，将地方财政收支纳入中央政府对地方政府官员的考核当中是关键。与此相对应的是，环境分权背景下有必要提高中央政府对地方政府的监管与考核力度，这也是提高地方政府环境注意力的有效举措。将环境保护和污染治理与地方官员的政治晋升挂钩，引起各级政府对环境污染问题的高度关注，提升地方政府环境注意力，以矫正地方政府追求经济增长速度而忽略生态环境质量的行为。与此同时，中央政府应该加快完善地方政府环境保护绩效考核机制，构建考核评价主体多元化体系。

中央政府应加大对地方政府环境治理的财政支持力度，增加地方政府环境治理投资占GDP的比重。研究表明，地方政府环境治理投资不仅有利于降低本地环境污染水平，而且有助于提升相邻地区环境质量，因此，加大地方政府环境治理投资是建设社会主义生态文明的重要举措。一方面，受地方财力所限，应加大中央政府对地方政府环境治理的财政拨款，可以考虑将这种财政拨款与其环境质量联系起来，即随着环境质量不断提升，中央对地方环境治理投资的财政拨款不断增加；另一方面，考虑到我国不同地区经济增长、环境污染水平的差异性，可以将地方政府环境治理投资占GDP的比重作为地方政府环境治理关注度的代理指标，甚至将其作为中央政府对地方政府考核的指标之一。

建立健全跨区域环境协调治理联动和跨区域环境治理生态补偿机制。环境污染的负外溢性及环境治理的正外溢性导致地方政府在污染治理上存在"搭便车"行为，形成地方政府之间的趋劣竞争，单打独斗式的环境治理效果非常有限，因此有必要加强区域间的合作，促进地方政府由博弈竞争转向合作共赢，建立跨区域环境治理合作机制，积极开展环境保护的联防联控措施，加大环境综合治理力度。河长制制度实施后，地方政府成为环境治理的行为主体，促进地方政府由博弈竞争转向合作共赢，环境治理效率得以提升。同时，为了实现我国生态环境协同治理，应该强化中央政府的顶层设计，建立健全跨区域、跨部门的协调联动机制，并完善相应的法律法规。特别是，实证研究表明，区域差异是影响我国环境治理效果的重要因素，那么，如果有了对落后地区因考核指标有所变动，进而关注环境治理而部分牺牲经济绩效的补偿，地方政府环境治理的积极性就会显著提高，环境治理效果可能更好。

优化能源消费结构，推动产业结构升级。能源是推动经济快速发展的重要动力之一，但能源推动型发展模式的弊端在于严重的环境污染，因此发展模式的转变势在必行。政府应该进一步调整能源结构转向高效、低污染的科技创新型发展模式。一方面，大力促进太阳能等低污染新能源的使用，降低煤炭等低效率高污染类能源的使用比例，减少采掘稀缺资源；为了减少能耗，逐步转向走绿色可持续发展道路，政府应该加大对新能源的研发力度，大力发展可再生能源，限制使用一次性能源。另一方面，加速结构调整，加快技术进步，这是摆脱能源和二氧化碳枷锁限制，实现经济可持续发展的必要条件。地方政府应提高环境监管标准，改造升级本地传统重工业产业，避免外来重化工企业流入，限制不符合区域功能定位的产业发展，淘汰一批高排放、高污染的产业，吸引技术密集型战略性新兴产业入驻，推动产业向高级化、合理化方向转型。

附录　代表性与阶段性研究成果

［1］环境分权、环保约谈与环境污染 ［J］. 统计研究，CSSCI.

［2］地方政府竞争与环境治理——环境分权的调节效应 ［J］. 贵州财经大学学报，CSSCI.

［3］地方政府与公众环境注意力的关联及减排效应研究 ［J］. 电子科技大学学报（社科版）.

［4］城市蔓延与长江经济带产业升级 ［J］. 重庆大学学报（社会科学版）. CSSCI.

［5］城市蔓延测度、空间分异与形成机制研究 ［J］. 统计与决策，CSSCI.

参 考 文 献

一、中文部分

[1] B. 盖伊·彼得斯，吴爱明，等译．政府未来的治理模式［M］．北京：中国人民大学出版社，2001.

[2] 白嘉，韩先锋，宋文飞.FDI 溢出效应、环境规制与双环节 R&D 创新——基于工业分行业的经验研究［J］.科学学与科学技术管理，2013（1）：56-66.

[3] 白俊红，聂亮.环境分权是否真的加剧了雾霾污染？［J］.中国人口·资源与环境，2017（12）：59-69.

[4] 包群，彭水军.经济增长与环境污染：基于面板数据的联立方程估计［J］.世界经济，2006（11）：48-58.

[5] 包群，邵敏，杨大利.环境管制抑制了污染排放吗？［J］.经济研究，2013（12）：42-54.

[6] 鲍勃·杰索普.治理的兴起及其失败的风险：以经济发展为例的论述［J］.国际社会科学，1999（2）：31-78.

[7] 陈诗一.边际减排成本与中国环境税改革［J］.中国社会科学，2011（3）：85-100.

[8] 陈诗一.能源消耗、二氧化碳排放与中国工业的可持续发展［J］.经济研究，2009（4）：41-55.

[9] 陈硕，高琳.央地关系：财政分权度量及作用机制再评估［J］.管理世界，2012（6）：43-59.

[10] 陈晓峰.长三角地区 FDI 与环境污染关系的实证研究——基于 1985~2009 年数据的 EKC 检验［J］.国际贸易问题，2011（4）：84-93.

[11] 程永宏，熊中楷.碳税政策下基于供应链视角的最优减排与定价策略及协调［J］.科研管理，2015（6）：81-91.

[12] 程钰，任建兰，陈延斌，徐成龙.中国环境规制效率空间格局

动态演变及其驱动机制 [J]. 地理研究, 2016 (1): 58 - 70.

[13] 邓国营, 徐舒, 赵绍阳. 环境治理的经济价值——基于 CIC 方法的测度 [J]. 世界经济, 2012 (9): 143 - 160.

[14] 邓玉萍, 许和连. 外商直接投资、地方政府竞争与环境污染——基于财政分权视角的经验研究 [J]. 中国人口·资源与环境, 2013 (7): 155 - 163.

[15] 豆建民, 张可. 空间依赖性、经济集聚与城市环境污染 [J]. 经济管理, 2015 (10): 12 - 21.

[16] 杜雯翠, 张平淡. 新常态下经济增长与环境污染的作用机理研究 [J]. 软科学, 2017 (4): 1 - 4.

[17] 范斐, 孙才志, 王雪妮. 社会、经济与资源环境复合系统协同进化模型的构建及应用——以大连市为例 [J]. 系统工程理论与实践, 2013 (2): 413 - 419.

[18] 范子英, 赵仁杰. 法治强化能够促进污染治理吗_来自环保法庭设立的证据 [J]. 经济研究, 2019 (3): 21 - 37.

[19] 方创琳, 周成虎, 王振波. 长江经济带城市群可持续发展战略问题与分级梯度发展重点 [J]. 地理科学进展, 2015 (11): 1398 - 1408.

[20] 符淼, 黄灼明. 我国经济发展阶段和环境污染的库兹涅茨关系 [J]. 中国工业经济, 2008 (6): 35 - 43.

[21] 付丽娜, 陈晓红, 冷智花. 基于超效率 DEA 模型的城市群生态效率研究——以长株潭 "3 + 5" 城市群为例 [J]. 中国人口·资源与环境, 2013 (4): 169 - 175.

[22] 傅勇. 中国的分权为何不同: 一个考虑政治激励与财政激励的分析框架 [J]. 世界经济, 2008 (11): 16 - 25.

[23] 高宏霞, 杨林, 付海东. 中国各省经济增长与环境污染关系的研究与预测——基于环境库兹涅茨曲线的实证分析 [J]. 经济学动态, 2012 (1): 52 - 57.

[24] 高辉. 环境污染与经济增长方式转变: 来自中国省际面板数据的证据 [J]. 财经科学, 2009 (4): 102 - 109.

[25] 高爽, 魏也华, 陈雯, 赵海霞. 发达地区制造业集聚和水污染的空间关联——以无锡市区为例 [J]. 地理研究, 2011 (5): 902 - 912.

[26] 龚锋, 雷欣. 中国式财政分权的数量测度 [J]. 统计研究,

2010 (10): 47-55.

[27] 龚健健, 沈可挺. 中国高耗能产业及其环境污染的区域分布——基于省际动态面板数据的分析 [J]. 数量经济技术经济研究, 2011 (2): 20-36, 51.

[28] 郭俊杰, 方颖, 杨阳. 排污费征收标准改革是否促进了中国工业二氧化硫减排 [J]. 世界经济, 2019 (1): 121-144.

[29] 郭平, 杨梦洁. 中国财政分权制度对地方政府环境污染治理的影响分析 [J]. 城市发展研究, 2014 (7): 84-90.

[30] 韩超, 张伟广, 单双. 规制治理、公众诉求与环境污染——基于地区间环境治理策略互动的经验分析 [J]. 财贸经济, 2016 (9): 144-161.

[31] 胡珺, 宋献中, 王红建. 非正式制度、家乡认同与企业环境治理 [J]. 管理世界, 2017 (3): 76-94.

[32] 华莱士·E. 奥茨, 陆符嘉, 译. 财政联邦主义 [M]. 南京: 译林出版社, 2012.

[33] 黄玲花, 谭元元, 李静. 广西经济增长与环境污染关系研究 [J]. 广西师范学院学报 (自然科学版), 2014 (2): 97-102.

[34] 黄庆华, 周志波, 刘晗. 长江经济带产业结构演变及政策取向 [J]. 经济理论与经济管理, 2014 (6): 92-101.

[35] 黄滢, 刘庆, 王敏. 地方政府的环境治理决策: 基于 SO_2 减排的面板数据分析 [J]. 世界经济, 2016 (12): 166-188.

[36] 黄永明, 何凌云. 城市化、环境污染与居民主观幸福感——来自中国的经验证据 [J]. 中国软科学, 2013 (12): 82-93.

[37] 姬晓辉, 汪健莹. 基于面板门槛模型的环境规制对区域生态效率溢出效应研究 [J]. 科技管理研究, 2016 (3): 246-251.

[38] 计志英, 毛杰, 赖小锋. FDI 规模对我国环境污染的影响效应研究——基于 30 个省级面板数据模型的实证检验 [J]. 世界经济研究, 2015 (3): 56-64, 128.

[39] 贾康. 中国经济改革 30 年: 1979—2008 (财税卷) [M]. 重庆: 重庆大学出版社, 2008.

[40] 晋盛武, 吴娟. 腐败、经济增长与环境污染的库兹涅茨效应: 以二氧化硫排放数据为例 [J]. 经济理论与经济管理, 2014 (6): 28-40.

[41] 阚大学, 吕连菊. 对外贸易、地区腐败与环境污染——基于省

级动态面板数据的实证研究 [J]. 世界经济研究, 2015 (1): 120 - 126, 129.

[42] 阚大学, 吕连菊. 要素市场扭曲加剧了环境污染吗——基于省级工业行业空间动态面板数据的分析 [J]. 财贸经济, 2016 (5): 146 - 159.

[43] 黎文靖, 郑曼妮. 实质性创新还是策略性创新?——宏观产业政策对微观企业创新的影响 [J]. 经济研究, 2016 (4): 60 - 73.

[44] 李国平, 王春杨. 我国省域创新产出的空间特征和时空演化——基于探索性空间数据分析的实证 [J]. 地理研究, 2012 (1): 95 - 106.

[45] 李国柱, 马树才. 对外贸易环境效应的研究动态与述评 [J]. 生态经济, 2007 (4): 40 - 43.

[46] 李建豹, 黄贤金. 基于空间面板模型的碳排放影响因素分析——以长江经济带为例 [J]. 长江流域资源与环境, 2015 (10): 1665 - 1671.

[47] 李静, 杨娜, 陶璐. 跨境河流污染的"边界效应"与减排政策效果研究——基于重点断面水质监测周数据的检验 [J]. 中国工业经济, 2015 (3): 31 - 43.

[48] 李玲, 陶锋. 中国制造业最优环境规制强度的选择——基于绿色全要素生产率的视角 [J]. 中国工业经济, 2012 (5): 70 - 82.

[49] 李猛. 财政分权与环境污染——对环境库兹涅茨假说的修正 [J]. 经济评论, 2009 (5): 54 - 59.

[50] 李强, 高楠. 城市蔓延的生态环境效应研究——基于34个大中城市面板数据的分析 [J]. 中国人口科学, 2016 (6): 58 - 67.

[51] 李强, 魏巍, 徐康宁. 技术进步和结构调整对能源消费回弹效应的估算 [J]. 中国人口·资源与环境, 2014 (10): 64 - 67.

[52] 李强, 徐康宁. 制度质量、贸易开放与经济增长 [J]. 国际经贸探索, 2017 (10): 4 - 18.

[53] 李强. 河长制视域下环境分权的减排效应研究 [J]. 产业经济研究, 2018 (3): 53 - 63.

[54] 李强. 环境分权与企业全要素生产率——基于我国制造业微观数据的分析 [J]. 财经研究, 2017 (3): 133 - 144.

[55] 李强. 正式与非正式环境规制的减排效应研究——以长江经济带为例 [J]. 现代经济探讨, 2018 (5): 92 - 99.

[56] 李胜兰, 初善冰, 申晨. 地方政府竞争、环境规制与区域生态效率 [J]. 世界经济, 2014 (4): 88-110.

[57] 李涛, 周业安. 中国地方政府间支出竞争研究——基于中国省级面板数据的经验证据 [J]. 管理世界, 2009 (2): 12-22.

[58] 李小平, 李小克. 中国工业环境规制强度的行业差异及收敛性研究 [J]. 中国人口·资源与环境, 2017 (10): 1-9.

[59] 李小胜, 宋马林, 安庆贤. 中国经济增长对环境污染影响的异质性研究 [J]. 南开经济研究, 2013 (5): 96-114.

[60] 李永友, 沈坤荣. 辖区间竞争、策略性财政政策与 FDI 增长绩效的区域特征 [J]. 经济研究, 2008 (5): 58-69.

[61] 李永友, 沈坤荣. 我国污染控制政策的减排效果——基于省际工业污染数据的实证分析 [J]. 管理世界, 2008 (7): 7-17.

[62] 李永友, 文云飞. 中国排污权交易政策有效性研究——基于自然实验的实证分析 [J]. 经济学家, 2016 (5): 19-28.

[63] 梁琳琳, 卢启程. 基于碳夹点分析的中国能源结构优化研究 [J]. 资源科学, 2015 (2): 291-298.

[64] 廖华, 魏一鸣. 能源效率及其与经济系统关系的再认识 [J]. 公共管理学报, 2010 (1): 28-34.

[65] 林伯强, 李江龙. 环境治理约束下的中国能源结构转变——基于煤炭和二氧化碳峰值的分析 [J]. 中国社会科学, 2015 (9): 84-107.

[66] 林伯强, 邹楚沅. 发展阶段变迁与中国环境政策选择 [J]. 中国社会科学, 2014 (5): 81-95.

[67] 林伯强. 资源税改革: 以煤炭为例的资源经济学分析 [J]. 中国社会科学, 2012 (2): 58-78.

[68] 刘传江, 侯伟丽. 环境经济学 [M]. 武汉: 武汉大学出版社, 2006.

[69] 刘华军, 刘传明, 杨骞. 环境污染的空间溢出及其来源——基于网络分析视角的实证研究 [J]. 经济学家, 2015 (10): 28-35.

[70] 刘华军, 刘传明. 环境污染空间溢出的网络结构及其解释——基于 1997~2013 年中国省际数据的经验考察 [J]. 经济与管理评论, 2017 (1): 57-64.

[71] 刘建民, 陈霞, 吴金光. 财政分权、地方政府竞争与环境污

染——基于 272 个城市数据的异质性与动态效应分析 [J]. 财政研究, 2015 (9): 36-43.

[72] 刘洁, 李文. 中国环境污染与地方政府税收竞争——基于空间面板数据模型的分析 [J]. 中国人口·资源与环境, 2013 (4): 81-88.

[73] 刘舜佳, 李霞. 基于知识溢出的国际贸易环境技术效应研究 [J]. 国际贸易问题, 2016 (6): 94-104.

[74] 卢丽文, 宋德勇, 李小帆. 长江经济带城市发展绿色效率研究 [J]. 中国人口·资源与环境, 2016 (6): 35-42.

[75] 陆旸. 从开放宏观的视角看环境污染问题: 一个综述 [J]. 经济研究, 2012 (2): 146-158.

[76] 陆远权, 张德钢. 环境分权、市场分割与碳排放 [J]. 中国人口·资源与环境, 2016 (6): 107-115.

[77] 罗能生, 李佳佳, 罗富政. 中国城镇化进程与区域生态效率关系的实证研究 [J]. 中国人口·资源与环境, 2013 (11): 53-60.

[78] 罗小芳, 卢现祥. 环境治理中的三大制度经济学学派: 理论与实践 [J]. 国外社会科学, 2011 (6): 56-66.

[79] 吕韬, 曹有挥. "时空接近" 空间自相关模型构建及其应用——以长三角区域经济差异分析为例 [J]. 地理研究, 2010 (2): 351-360.

[80] 马树才, 李国柱. 中国经济增长与环境污染关系的 Kuznets 曲线 [J]. 统计研究, 2006 (8): 37-40.

[81] 马万里, 杨濮萌. 从 "马拉松霾" 到 "APEC 蓝": 中国环境治理的政治经济学 [J]. 中央财经大学学报, 2015 (10): 16-22.

[82] 马晓钰, 李强谊, 郭莹莹. 中国财政分权与环境污染的理论与实证——基于省级静态与动态面板数据模型分析 [J]. 经济经纬, 2013 (5): 122-127.

[83] 毛其淋. 外资进入自由化如何影响了中国本土企业创新 [J]. 金融研究, 2019 (1): 72-90.

[84] 聂飞, 刘海云. FDI、环境污染与经济增长的相关性研究——基于动态联立方程模型的实证检验 [J]. 国际贸易问题, 2015 (2): 72-83.

[85] 潘素昆，袁然．不同投资动机 OFDI 促进产业升级的理论与实证研究 [J]．经济学家，2014（9）：69 - 76.

[86] 潘越，陈秋平，戴亦一．绿色绩效考核与区域环境治理——来自官员更替的证据 [J]．厦门大学学报（哲学社会科学版），2017（1）：23 - 32.

[87] 彭文斌，吴伟平，邝嫦娥．环境规制对污染产业空间演变的影响研究——基于空间面板杜宾模型 [J]．世界经济文汇，2014（6）：99 - 110.

[88] 彭星．环境分权有利于中国工业绿色转型吗？——产业结构升级视角下的动态空间效应检验 [J]．产业经济研究，2016（2）：21 - 31.

[89] 皮建才，赵润之．京津冀协同发展中的环境治理：单边治理与共同治理的比较 [J]．经济评论，2017（5）：40 - 50.

[90] 祁毓，卢洪友，徐彦坤．中国环境分权体制改革研究：制度变迁、数量测算与效应评估 [J]．中国工业经济，2014（1）：31 - 43.

[91] 屈小娥．1990 - 2009 年中国省际环境污染综合评价 [J]．中国人口·资源与环境，2012（5）：158 - 163.

[92] 任敏．"河长制"：一个中国政府流域治理跨部门协同的样本研究 [J]．北京行政学院学报，2015（3）：25 - 31.

[93] 任胜纲，袁宝龙．长江经济带产业绿色发展的动力找寻 [J]．改革，2016（7）：55 - 64.

[94] 邵帅，李欣，曹建华，杨莉莉．中国雾霾污染治理的经济政策选择——基于空间溢出效应的视角 [J]．经济研究，2016（9）：73 - 88.

[95] 邵帅，杨莉莉，黄涛．能源回弹效应的理论模型与中国经验 [J]．经济研究，2013（2）：96 - 109.

[96] 沈国兵，张鑫．开放程度和经济增长对中国省级工业污染排放的影响 [J]．中国工业经济，2015（4）：99 - 125.

[97] 沈坤荣，金刚．中国地方政府环境治理的政策效应——基于"河长制"演进的研究 [J]．中国社会科学，2018（5）：92 - 115.

[98] 盛巧燕，周勤．环境分权、政府层级与治理绩效 [J]．南京社会科学，2017（4）：20 - 26.

[99] 石庆玲，陈诗一，郭峰．环保部约谈与环境治理：以空气污染为例 [J]．统计研究，2017 (10)：88 – 97.

[100] 石庆玲，郭峰，陈诗一．雾霾治理中的"政治性蓝天"——来自中国地方"两会"的证据 [J]．中国工业经济，2016 (5)：40 – 56.

[101] 宋马林，金培振．地方保护、资源错配与环境福利绩效 [J]．经济研究，2016 (12)：47 – 61.

[102] 宋马林，王舒鸿．环境规制、技术进步与经济增长 [J]．经济研究，2016 (3)：122 – 134.

[103] 孙广生，等．全要素生产率、投入替代与地区间的能源效率 [J]．经济研究，2012 (9)：99 – 112.

[104] 孙军，高彦彦．技术进步、环境污染及其困境摆脱研究 [J]．经济学家，2014 (8)：52 – 58.

[105] 谭志雄，张阳阳．财政分权与环境污染关系实证研究 [J]．中国人口·资源与环境，2015 (4)：110 – 117.

[106] 汤维祺，吴力波，钱浩祺．从"污染天堂"到绿色增长——区域间高耗能产业转移的调控机制研究 [J]．经济研究，2016 (6)：58 – 70.

[107] 田志华，王忠．广东省环境污染与经济增长的动态关系——基于向量误差修正模型的实证研究 [J]．广东商学院学报，2013 (6)：4 – 10.

[108] 涂正革，谌仁俊．排污权交易机制在中国能否实现波特效应？ [J]．经济研究，2015 (7)：160 – 173.

[109] 汪鲸．地方政府间大气污染管制的竞争效应研究 [J]．贵州财经大学学报，2015 (6)：80 – 89.

[110] 汪克亮，孟祥瑞，杨宝臣，程云鹤．基于环境压力的长江经济带工业生态效率研究 [J]．资源科学，2015 (7)：1491 – 1501.

[111] 王兵，聂欣．产业集聚与环境治理：助力还是阻力——来自开发区设立准自然实验的证据 [J]．中国工业经济，2016 (12)：75 – 89.

[112] 王菲，董锁成，毛琦梁，等．宁蒙沿黄地带产业结构的环境污染特征演变分析 [J]．资源科学，2014 (3)：620 – 631.

[113] 王佳，于维洋．基于环境库兹涅茨曲线的秦皇岛环境污染与经济增长关联量化分析 [J]．燕山大学学报（哲学社会科学版），

2015 (2): 127 - 131.

[114] 王进明, 胡欣. 贸易与环境关联问题的博弈分析 [J]. 财经问题研究, 2005 (12): 91 - 95.

[115] 王敏, 黄滢. 中国的环境污染与经济增长 [J]. 经济学 (季刊), 2015 (2): 557 - 578.

[116] 王青, 赵景兰, 包艳龙. 产业结构与环境污染关系的实证分析——基于 1995 ~ 2009 年的数据 [J]. 南京社会科学, 2012 (3): 14 - 19.

[117] 王书明, 蔡萌萌. 基于新制度经济学视角的 "河长制" 评析 [J]. 中国人口·资源与环境, 2011, 21 (9): 8 - 13.

[118] 王文普. 污染溢出与区域环境技术创新 [J]. 科研管理, 2015 (9): 19 - 25.

[119] 王小鲁, 樊纲, 余静文. 中国分省份市场化指数报告 (2016) [M]. 北京: 社会科学文献出版社, 2017.

[120] 王印红, 李萌竹. 地方政府生态环境治理注意力研究——基于 30 个省市政府工作报告 (2006 - 2015) 文本分析 [J]. 中国人口·资源与环境, 2017, 27 (2): 28 - 35.

[121] 王媛. 官员任期、标尺竞争与公共品投资 [J]. 财贸经济, 2016, 37 (10): 45 - 58.

[122] 魏守道, 汪前元. 南北国家环境规制政策选择的效应研究——基于碳税和碳关税的博弈分析 [J]. 财贸经济, 2015 (11): 148 - 159.

[123] 魏一鸣, 廖华. 能源效率的七类测度指标及其测度方法 [J]. 中国软科学, 2010 (1): 128 - 137.

[124] 吴传清, 董旭. 长江经济带工业全要素生产率分析 [J]. 武汉大学学报 (哲学社会科学版), 2014 (4): 31 - 36.

[125] 吴力波, 钱浩祺, 汤维祺. 基于动态边际减排成本模拟的碳排放权交易与碳税选择机制 [J]. 经济研究, 2014 (9): 48 - 61.

[126] 吴利学. 中国能源效率波动: 理论解释, 数值模拟及政策含义 [J]. 经济研究, 2009 (5): 130 - 142.

[127] 武普照, 王倩. 排污权交易的经济学分析 [J]. 中国人口·资源与环境, 2010 (S2): 55 - 58.

[128] 夏永久, 陈兴鹏. 西北半干旱区城市经济增长与环境污染演进

阶段及其互动效应分析——以兰州市为例 [J]. 浙江社会科学, 2000 (7): 53 - 57.

[129] 肖加元, 潘安. 基于水排污权交易的流域生态补偿研究 [J]. 中国人口·资源与环境, 2016 (7): 18 - 26.

[130] 肖兴志, 李少林. 环境规制对产业升级路径的动态影响研究 [J]. 经济理论与经济管理, 2013 (6): 102 - 112.

[131] 徐圆, 陈亚丽. 国际贸易的环境技术效应——基于技术溢出视角的研究 [J]. 中国人口·资源与环境, 2014 (1): 148 - 156.

[132] 许广月, 宋德勇. 中国碳排放环境库兹涅茨曲线的实证研究——基于省域面板数据 [J]. 中国工业经济, 2010 (5): 37 - 47.

[133] 许和连, 邓玉萍. 外商直接投资导致了中国的环境污染吗？——基于中国省际面板数据的空间计量研究 [J]. 管理世界, 2012 (2): 30 - 43.

[134] 许正松, 孔凡斌. 经济发展水平、产业结构与环境污染——基于江西省的实证分析 [J]. 当代财经, 2014 (8): 15 - 20.

[135] 薛福根. 产业结构调整的污染溢出效应研究——基于空间动态面板数据的实证分析 [J]. 湖北社会科学, 2016 (5): 92 - 97.

[136] 薛钢, 潘孝珍. 财政分权对中国环境污染影响程度的实证分析 [J]. 中国人口·资源与环境, 2012 (1): 77 - 83.

[137] 闫文娟, 郭树龙, 史亚东. 环境规制、产业结构升级与就业效应: 线性还是非线性? [J]. 经济科学, 2012 (6): 23 - 32.

[138] 闫文娟, 钟茂初. 中国式财政分权会增加环境污染吗? [J]. 财经论丛, 2012 (3): 32 - 37.

[139] 杨超, 王锋, 门明. 征收碳税对二氧化碳减排及宏观经济的影响分析 [J]. 统计研究, 2011 (7): 45 - 54.

[140] 杨海生, 陈少凌, 周永章. 地方政府竞争与环境政策——来自中国省份数据的证据 [J]. 南方经济, 2008 (6): 15 - 30.

[141] 杨恺钧, 唐玲玲, 陆云磊. 经济增长、国际贸易与环境污染的关系研究 [J]. 统计与决策, 2017 (7): 134 - 138.

[142] 杨冕, 王银. 长江经济带 PM2.5 时空特征及影响因素研究 [J]. 中国人口·资源与环境, 2017 (1): 91 - 100.

[143] 杨仁发. 产业集聚能否改善中国环境污染 [J]. 中国人口·资源与环境, 2015 (2): 23-29.

[144] 杨瑞龙, 章泉, 周业安. 财政分权、公众偏好和环境污染——来自中国省级面板数据的证据 [R]. 中国人民大学经济所宏观经济报告, 2007.

[145] 杨万平, 袁晓玲. 对外贸易、FDI 对环境污染的影响分析——基于中国时间序列的脉冲响应函数分析: 1982~2006 [J]. 世界经济研究, 2008 (12): 62-68, 86.

[146] 杨蔚. 财政分权、地方政府行为与环境污染 [D]. 南京: 南京大学, 2012.

[147] 杨子晖, 田磊. "污染天堂" 假说与影响因素的中国省际研究 [J]. 世界经济, 2017 (5): 148-172.

[148] 叶金珍, 安虎森. 开征环保税能有效治理空气污染吗 [J]. 中国工业经济, 2017 (5): 54-74.

[149] 叶倩瑜. 财政分权体制下的环境治理研究 [J]. 财经政法资讯, 2010 (3): 37-41.

[150] 尹恒, 徐琰超. 地市级地区间基本建设公共支出的相互影响 [J]. 经济研究, 2011 (7): 55-64.

[151] 尹振东. 垂直管理与属地管理: 行政管理体制的选择 [J]. 经济研究, 2011 (4): 41-54.

[152] 于源, 陈其林. 新常态、经济绩效与地方官员激励——基于信息经济学职业发展模型的解释 [J]. 南方经济, 2016 (1): 28-41.

[153] 余长林, 高宏建. 环境管制对中国环境污染的影响——基于隐性经济的视角 [J]. 中国工业经济, 2015 (7): 21-35.

[154] 俞雅乖. 我国财政分权与环境质量的关系及其地区特性分析 [J]. 经济学家, 2013 (9): 60-67.

[155] 原毅军, 谢荣辉. 环境规制的产业结构调整效应研究——基于中国省际面板数据的实证检验 [J]. 中国工业经济, 2014 (8): 12-22.

[156] 原毅军. 环境经济学 [M]. 北京: 机械工业出版社, 2005.

[157] 张成, 朱乾龙, 于同申. 环境污染与经济增长的关系 [J]. 统计研究, 2011 (1): 59-67.

[158] 张成, 等. 环境规制强度和生产技术进步 [J]. 经济研究,

2011 (2): 113 –124.

[159] 张根能，张玉果，沈婧雯．我国财政分权对环境污染的影响研究——基于省级面板数据的分析 [J]．生态经济，2016 (5): 19 –24.

[160] 张国兴，等．中国节能减排政策的测量、协同与演变——基于 1978 ~2013 年政策数据的研究 [J]．中国人口·资源与环境，2014，24 (12): 62 –73.

[161] 张华．环境规制提升了碳排放绩效吗？——空间溢出视角下的解答 [J]．经济管理，2014 (12): 166 –175.

[162] 张华．地区间环境规制的策略互动研究——对环境规制非完全执行普遍性的解释 [J]．中国工业经济，2016 (7): 74 –90.

[163] 张华．中国式环境联邦主义：环境分权对碳排放的影响研究 [J]．财经研究，2017，43 (9): 33 –49.

[164] 张可，豆建民．集聚对环境污染的作用机制研究 [J]．中国人口科学，2013 (5): 105 –116，128.

[165] 张可，汪东芳．经济集聚与环境污染的交互影响及空间溢出 [J]．中国工业经济，2014 (6): 70 –82.

[166] 张克中，王娟，崔小勇．财政分权与环境污染：碳排放的视角 [J]．中国工业经济，2011 (10): 65 –75.

[167] 张雷，史倩姿，李雪锋．山东省与广东省 FDI 与环境污染比较研究 [J]．青岛科技大学学报（社会科学版），2017 (1): 62 –68.

[168] 张少兵．经济增长、环境变化及工业结构升级：由上海观察 [J]．改革，2007 (11): 13 –19.

[169] 张文彬，张理芃，张可云．中国环境规制强度省际竞争形态及其演变——基于两区制空间 Durbin 固定效应模型的分析 [J]．管理世界，2010 (12): 34 –44.

[170] 张晓娣，刘学悦．征收碳税和发展可再生能源研究——基于 OLG—CGE 模型的增长及福利效应分析 [J]．中国工业经济，2015 (3): 18 –30.

[171] 张征宇，朱平芳．地方环境支出的实证研究 [J]．经济研究，2010 (5): 82 –94.

[172] 赵国庆，张中元．FDI 溢出效应、环境污染与全要素增长率 [J]．世界经济文汇，2010 (6): 14 –31.

[173] 赵黎明，殷建立. 碳交易和碳税情景下碳减排二层规划决策模型研究 [J]. 管理科学，2016（1）：137 - 146.

[174] 赵霄伟. 地方政府间环境规制竞争策略及其地区增长效应——来自地级市以上城市面板的经验数据 [J]. 财贸经济，2014（10）：105 - 113.

[175] 赵新华，李斌，李玉双. 环境管制下 FDI、经济增长与环境污染关系的实证研究 [J]. 中国科技论坛，2011（3）：101 - 105.

[176] 赵忠秀，王苒，闫云凤. 贸易隐含碳与污染天堂假说——环境库兹涅茨曲线成因的再解释 [J]. 国际贸易问题，2013（7）：93 - 101.

[177] 郑思齐，万广华，孙伟增，等. 公众诉求与城市环境治理 [J]. 管理世界，2013（6）：72 - 84.

[178] 郑周胜. 中国式财政分权下环境污染问题研究 [D]. 兰州：兰州大学，2012.

[179] 钟茂初，姜楠. 政府环境规制内生性的再检验 [J]. 中国人口·资源与环境，2017（12）：70 - 78.

[180] 周建国，熊烨. "河长制"：持续创新何以可能——基于政策文本和改革实践的双维度分析 [J]. 江苏社会科学，2017（4）：38 - 47.

[181] 周黎安. 中国地方官员的晋升锦标赛模式研究 [J]. 经济研究，2007（7）：36 - 50.

[182] 周鹏，周迅，周德群. 二氧化碳减排成本研究述评 [J]. 管理评论，2014（11）：20 - 27.

[183] 周亚虹，宗庆庆，陈曦明. 财政分权体制下地市级政府教育支出的标尺竞争 [J]. 经济研究，2013（11）：127 - 139.

[184] 朱帮助，魏一鸣. 基于 GMDH-PSO-LSSVM 的国际碳市场价格预测 [J]. 系统工程理论与实践，2011（12）：2264 - 2271.

[185] 朱德米，周林意. 当代中国环境治理制度框架之转型：危机与应对 [J]. 复旦学报（社会科学版），2017（3）：180 - 188.

[186] 朱相宇，乔小勇. 北京环境污染治理分析及政策选择 [J]. 中国软科学，2014（2）：111 - 120.

[187] 聂雷，任建辉，刘秀丽，等. 金融深化、政府干预与绿色全要素生产率——来自中国 10 个城市群的经验证据 [J]. 软科学，

2020 (10).

［188］ 吴磊, 贾晓燕, 吴超, 等. 异质型环境规制对中国绿色全要素生产率影响研究 ［J］. 中国人口·资源与环境, 2020 (10): 82 – 92.

［189］ 郭家堂, 骆品亮. 互联网对中国全要素生产率有促进作用吗? ［J］. 管理世界, 2016 (10): 34 – 49.

二、外文部分

［1］ Adler J. H. Jurisdictional Mismatch in Environmental Federalism ［J］. NYU Envtl. LJ, 2005, 14: 130.

［2］ Aghion P. and P Howitt, Endogenous Growth Theory MIT Press ［J］. Cambridge, MA, 1998.

［3］ Allan G. et al. The Impact of Increased Efficiency in the Industrial Use of Energy: A Computable General Equilibrium Analysis for the United Kingdom ［J］. Energy Economics, 2007, 29 (4): 779 – 798.

［4］ Apergis N. and Payne J. E. Energy consumption and economic growth: Evidence from the Commonwealth of Independent States ［J］. Energy Economics, 2009, 31 (5): 641 – 647.

［5］ Bandyopadhyay S. , Shafikn. Economic Growth and Environment Time Series and Cross-country Evidence ［R］. Background Paper for World Development Report World Bank, 1992.

［6］ Banzhaf H. S. , Chupp B. A. Fiscal federalism and interjurisdictional externalities: New results and an application to US Air pollution ［J］. Journal of Public Economics , 2012 , 96 (5 – 6): 449 – 464.

［7］ Barker T. , Ekins P. and Foxon T. The macro-economic rebound effect and the UK economy ［J］. Energy Policy, 2007, 35 (10): 4935 – 4946.

［8］ Barro. Government Spending in a Simple Model of Endogenous Growth Journal of Political Economy ［R］. 1990: 103 – 125.

［9］ Besley T. , Case A. Incumbent Behavior: Vote-Seeking, Tax-Setting, and Yardstick Competition ［J］. American Economic Review, 1995, 85 (1): 25 – 45.

［10］ Bovenberg A. and Smulders. Environmental Quality and Pollution Oaugmenting Technological Change in a Two Osector Endogenous Growth Model Journal of Public Economics ［J］. 1995: 369 – 391.

[11] Bristow A. L. , Wardman M. , Zanni A. M. et al. Public acceptability of personal carbon trading andcarbon tax [J]. Ecological Economics, 2010, 69 (9): 1824 – 1837.

[12] Cachon G. P. , Kok A. G. Competing manufacturers in a retailsupply chain: On contractual form and coordination [J]. Management Science, 2010, 56 (3): 571 – 589.

[13] Caves D. W. , Christensen L. R. , Diewert, W E. Multilateral Compositions of Output, Input and Productivity Using Superlative Index Numbers [J]. The Economic Journal, 1982, 92 (365): 73 – 86.

[14] Cole M. A. , Elliott R. and Shanshan, W. Industrial Activity and the Environment in China: an Industry-Level Analysis [J]. China Economic Review, 2008 (19): 393 – 408.

[15] Copeland B. R. , Taylor M. S. North-North Trade and The Environment [J]. Quarterly Journal of Economics, 1994, 109 (3): 755 – 787.

[16] Copeland B. R. and M. S. Taylor. Trade and The Environment: Theory and Environment [M]. Princeton University Publishing House, 2003.

[17] Cumberland J. H. Efficiency and Equity in Interregional Environmental Management [J]. Review of Regional Studies, 1981, 2 (1): 1 – 9.

[18] Cutter B. , Deshazo J. R. The Environmental Consequences of Decentralizing the Decision to Decentralize [J]. Journal of Environmental Economics and Management , 2007, 53 (1): 32 – 53.

[19] Dasgupta P. and Heal G. , Economic Theory and Exhaustible Resources Cambridge [J]. Cambridge University Press, 1974.

[20] Dasgupta S. Environmental Regulation and Development: Cross-country Empirical Analysis [J] . Journal of Oxford Development Studies, 2001, 29 (2): 173 – 187.

[21] Ederington J. et al. Foot loose and Pollution-free [J]. Review of Economics and Statistics, 2005, 87 (1): 92 – 99.

[22] Edward P. Lazear, Sherwin Rosen. Rank – Order Tournaments as Optimum Labor Contracts [J] . Social Science Electronic Publishing, 1981, 89 (5): 841 – 864.

[23] Falleth E. I. , Hovik S. Local government and nature conservation in Norway: decentralisation as a strategy in environmental policy [J]. Local Environment, 2009, 14 (3): 221 –231.

[24] Fare R. et al. Productivity Growth, Technical Progress, and Efficiency Change in Industrialized Countries [J]. American Economic Review, 1994, 84 (1): 66 –83.

[25] Farzanegan M. R. , Mennel T. Fiscal decentralization and pollution: Institutions matter [R]. Magks Papers on Economics, 2012.

[26] Frank A. Urban Air Quality in Larger Conurbations in the European Union [J]. Environment Modeling and Software, 2001 (16).

[27] Fredriksson P. G. , Millimet D. L. Strategic interaction and the determination of environmental policy across U. S. States [J]. Journal of urban economics, 2002, 51 (1): 101 –122.

[28] Fredriksson P. G. , Wollscheid J. R. Environmental Decentralization and Political Centralization [J]. Ecological Economics, 2014, 107 (C): 402 –410.

[29] Friedl B. , Getzner M. Determinants of CO_2 Emission in a Small Open Economy [J]. Journal of Economics, 2003 (45): 133 – 148.

[30] Garcia Valinas, Maria. What Level of Decentralization is better in Environmental Context? An Application to Water Policies [J]. Environmental Resource, 2007, 38 (2): 213 –229.

[31] Glomsrød S. , Wei T. Y. Coal cleaning: a viable strategy for reduced carbon emissions and improved environment in China? [J]. Energy Policy, 2005, 33 (4): 525 –542.

[32] Gordon R. H. An optimal taxation approach to fiscal federalism [J]. The Quarterly Journal of Economics, 1983, 98 (4): 567 –586.

[33] Gray W. B. , Shadbegian R. J. Optimal pollution abatement: whose benefits matter, and how much? [J]. Journal of environmental economics and management, 2002, 47 (3): 510 –534.

[34] Greening A. L. , Greene D. L. , Difiglio, C. Energy efficiency and consumption—the rebound effect—a survey [J]. Energy policy, 2000, 28 (6): 389 –401.

[35] Grimaud A. and Rouge L. , Non Orenewable Resources and Growth

with Vertical Innovations: Optimum, Equilibrium and Economic Policies [J]. Journal of Environmental Economics and Management, 2003: 433 –453.

[36] Grossman G. M. , Krueger A. B. Environment in Pacts of the North American Free Trade Agreement [R]. NBER Working Paper, 1991.

[37] Grossman G. M. , Krueger A. B. Economic Growth and the Environment [J]. The Quarterly Journal of Economics, 1995 (2): 353 – 377.

[38] Hanley N. et al. Do increases in energy efficiency improve environmental quality and sustainability? [J]. Ecological Economics, 2009, 68 (3): 692 –709.

[39] Hannes E. Are cross-country Studies of the Environmental Kuznets Curvern is Leading? New Evidence from Time Series Data for Germany [R]. Discussion Paper of Ernst-Moritz-Arndt University of Greifswald, 2001.

[40] Helland E. , Whitford A. B. Pollution incidence and political jurisdiction: evidence from the TRI [J]. Journal of environmental economics and management, 2002, 46 (3): 403 –424.

[41] Holdren J. P. , Ehrlich P. R. Human Population and the Global Environment [J]. American Scientist, 1974, 62 (3): 282 –292.

[42] Holtz-Eakin D. , Selden T. D. Stoking the Fires CO_2 Emission and Economic Growth [J]. Journal of Public Economics, 1995 (57): 85 –101.

[43] Hu J. L. , Wang S. C. Total-factor energy efficiency of regions in China [J]. Energy Policy, 2006, 34 (17): 3206 –3217.

[44] Jacobsen G. D. et al. The behavioral response to voluntary provision of an environmental public good: Evidence from residential electricity demand [J]. European Economic Review, 2010, 56 (5): 946 –960.

[45] Kathuria V. Controlling Water Pollution in Developing and Transition Countries-lessons from Three Successful Cases [J]. Journal of Environmental Management, 2006, 78 (4): 405 –426.

[46] Konisky D. M. Regulatory Competition and Environmental Enforcement: Is There A Race to the Bottom? [J]. American Journal of

Political Science, 2007, 51 (4): 853 –872.

[47] Kunce M. , Shogren J. F. Destructive interjurisdictional competition: Firm, capital and labor mobility in a model of direct emission control [J]. Ecological Economics, 2007, 60 (3): 543 –549.

[48] Lesage J. P. , Pace R. K. Introduction to Spatial Econometrics [M]. London: CRC Press, 2009.

[49] Le Sage J. P. , An Introduction to Spatial Economics [J]. Revue D Economic Industrielle, 2008 (3): 19 –44.

[50] Levinson A. Environmental regulatory competition: A status report and some new evidence [J]. Natioanl Tax Journal, 2003: 91 –106.

[51] Ligthart J. and Van F. der Ploeg, Pollution, the Cost Growth Economic Letters, 1994: 339 –349.

[52] Lopez R. The Environment as A Factor of Production: The Effects of Economic Growth and Trade Liberalization [J]. Journal of Environmental Economics and Management, 1994, 27 (2): 163 –184.

[53] Lucas E. , Wheeler D. Economic Development Environment Regulation and the International Migration of Toxic Industrial Pollution [R]. Background Paper for World Development Report, 1992.

[54] Lucas R. , On the Mechanics of Economic Development [J]. Journal of Monetary Economics, 1988 (1): 3 –421.

[55] Magnani E. The Environmental Kuznets Curve, environmental protection policy and income distribution [J]. Ecological Economics, 2000, 32 (3): 431 –443.

[56] Markandya A. , Pedroso-Galinato, S. and Streimikiene, D. Energy intensity in transition economies: Is there convergence towards the EU average? [J]. Energy Economics, 2006, 28 (1): 121 –145.

[57] Meadows D. H. et al. The Limits to Growth [M]. Universe Books, 1972.

[58] Millimet D. , Environmental L. federalism: A survey of the empirical literature [R]. IZA Working Paper, 7831, 2013.

[59] Millimet D. Assessing L. the empirical impact of environmental federalism [J]. Journal of regional science, 2003, 43 (4): 711 – 733.

[60] Musgrave R. A. The Theory of Public Finance: A Study in Public

Economy [J]. The American Journal of Clinical Nutrition, 2014, 99 (1): 213.

[61] Oates W. E. , Portney P. R. The political economy of environmental policy [J]. Handbook of Environmental Economics, 2003, 1: 325 – 354.

[62] Oates W. E. Fiscal Federalism [M]. New York: Harcourt, 1972.

[63] Oates W. E. The arsenic rule: a case for decentralized standard setting? [J]. Resources, 2002 (147): 16 – 18.

[64] Oates W. A Reconsideration of Environmental Federalism [R]. Washing D. C. : Resources for the Future, 2001.

[65] Oyono P. R. Profiling local-level outcomes of environmental decentralizations: the case of Cameroon's forests in the Congo Basin [J]. Journal of Environment & Development, 2005, 14 (2): 1146 – 1152.

[66] Porter M. E. , Linde C. V. D. Toward a New Conception of the Environment-Competitiveness Relationship [J]. The Journal of Economic Perspectives, 1995, 9 (4): 97 – 118.

[67] Shafik N. Economic development and environmental quality: an econometric analysis [J]. Oxford economic papers, 1994, 46: 757 – 773.

[68] Shleifer A. A Theory of Yardstick Competition [J]. Rand Journal of Economics, 1985, 16 (3): 319 – 327.

[69] Sigman H. Decentralization and environmental quality: An international analysis of water pollution levels and variation [J]. Land Economics, 2014, 90 (1): 114 – 130.

[70] Sorrell S. , Dimitropoulos, J. and Sommerville, M. Empirical estimates of the direct rebound effect: A review [J]. Energy policy, 2009, 37 (4): 1356 – 1371.

[71] Stern D. I. , Common M. S. Is there an environmental kuznets curve for sulfur? [J]. Working papers in ecological economics, 1998 (2): 162 – 178.

[72] Stern D. I. Progress on the Environmental Kuznetscurve? [J]. Environment and Development Economics, 1998, 3 (2): 173 – 196.

[73] Stewart R. B. Pyramids of sacrifice? problems of federalism in manda-

ting state implementation of national environmental policy [J].
Yale Law Journal, 1977, 86 (6): 1196 - 1272.

[74] Tiebout C. M. A Pure Theory of Local Expenditures [J]. Journal of Political Economy, 1956, 64 (5): 416 - 424.

[75] Tobler W. A. A Computer Movie Simulating Urban Growth in The Detroit Region [J]. Economic Geography, 1970 (2): 234 - 240.

[76] Ulph A. Political institutions and the design of environmental policy in a federal system with asymmetric information [J]. European economic review, 1998, 42 (3 - 5): 583 - 592.

[77] Victor Brajer, Robert W. Mead, Feng Xiao. Searching for An Environmental Kuznets Curve in China's Air Pollution [J]. China Economic Review, 2011 (3): 383 - 397.

[78] Vinkanen J. Effect of Urbanization on Metal Deposition in the Bay of Southern Finaland [J]. Marine Pollution Bulletin, 1999 (36).

[79] Wilson J. D. Theories of tax competition [J]. National Tax Journal, 1999: 269 - 304.

[80] Wilson J. A Theory of Interregional Tax Competition [J]. Journal of Urban Economics, 1986, 19 (3): 296 - 315.

[81] Yerhoef E. T. , Nijkamp P. Externalities in Urban Sustainability: Environment Versus Localization-type Agglomeration Externalities in a General Spatial Equilibrium Model of a Singel-sector Monocentric Industrial City [J]. Ecological Economics, 2002 (40).

[82] Zhang X. P. et al. Total-factor energy efficiency in developing countries [J]. Energy Policy, 2011, 39 (2): 644 - 650.

[83] Zodrow G. R. , Mieszkowski P. Pigou, Tiebout, Property Taxation, and the Underprovision of Local Public Goods [J]. Journal of Urban Economics, 1986, 19 (3): 356 - 370.